ネコロジー

ノラ猫トイとその仲間たちの物語

トイちゃん
雨どいに落ちていたから
「トイ」
連れて帰ると元気に育ち、
3ヵ月後に里子に出す。

テッペイ

ギンちゃん（左）とヨーコ（右）

ギンちゃん(右)とヨーコ(左)

キタロー

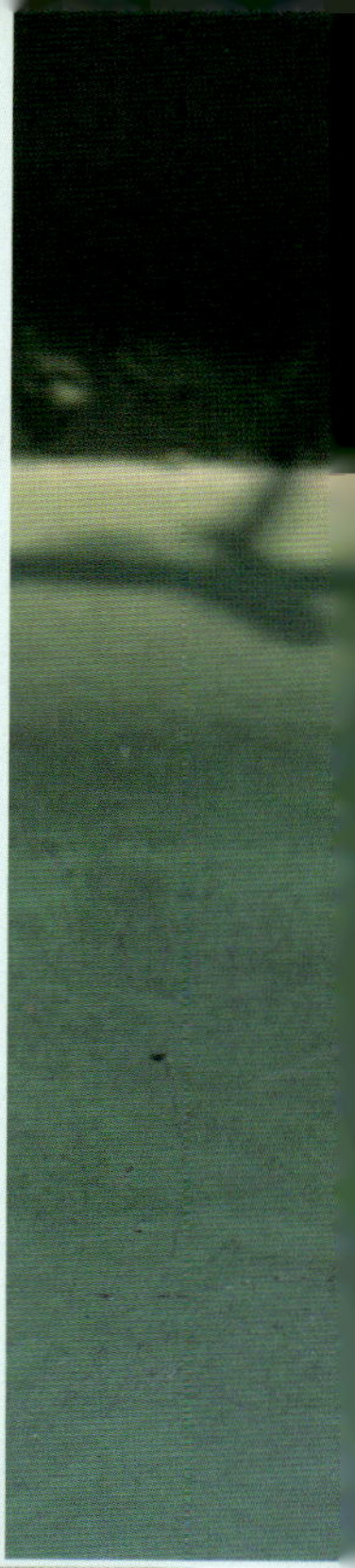

シロ

カネマル

ネコロジー

ノラ猫トイとその仲間たちの物語

写真／文
坂崎幸之助

河出書房新社

目　次

＊本書は二〇〇一年九月に音楽専科社より刊行された『ネコロジー　ノラ猫トイとその仲間たちの物語』を再編集し、中川翔子さんの原稿を新たに収録したものです。

1　トイちゃん

「ちょっと、坂崎さん！　坂崎さん！」

買い物に出かけようと思ってマンションから出てきた僕に、近所のおばさんがいきなり声をかけてきた。また何か怒《おこ》られるのかなあと思って振《ふ》り返ると、おばさん3人が、待ってました！　という表情で僕の方を見ている。

「坂崎さん、雨どいのとこに猫がいるよ！」

「子猫だよ、たぶん！　ミーミー鳴《な》いてるから」

おいおい、またかよォ……僕はとりあえず笑顔を作ったものの、内心マイッタなと思った。

このおばさんたちは、僕がノラ猫を見つけては里子に出したり、避妊《ひにん》・去勢《きょせい》の手術を施《ほどこ》したり、病気の猫を家で飼《か》ったりしてるのを知っていて、ノラ猫を見つけると、すぐに僕に連《れん》絡《らく》してくるのだ。交番のおまわりさんのように、僕がいつでも暇《ひま》で、言えばすぐに出動してくれると思い込んでいるらしい。

「おばさん、ちょっと待ってよォ……」

僕は勇気を出して反論を試みたけれど、そんなことおかまいなしのたたみかけるような3人の言葉に、すっかり打ち消されてしまった。

「アンタ、早く取りに行ってきな！」

『わかってるんだったら、自分で行っちくれぇ‼』

でも、こんなことをおばさんたちに言おうもんなら、10倍ぐらい文句をあびせられたあげく、ここらへんにノラ猫が多いのは僕のせいだ、ぐらい言われかねない。おばさんには逆《さか》らわない方がいいのは、日本中どこでも同じです。

おばさんたちの話によると、2日ぐらい前に、1匹の親猫が、近所のアパートの雨どいのあたりをのぞき込んで鳴いていたらしい。なんで鳴いてるのかな？　と、ちょっと不思議に思ったけれど、しばらくしていなくなってしまったので気にもとめないでいたのだと言う。そしたら、今朝から同じ雨どいのところで、子猫の鳴き声が聞こえ始めたというわけだ。

そこまで事情がわかっているのだったら、本当に自分でなんとかすればいいのにと、改めて思ったけれど、すでにおばさんの目は、僕が行動を起こすことへの期待で輝いている。

しょうがない、なんとかするか！

僕は、さっそく秘密結社《ひみつけっしゃ》のメンバーに連絡した。

秘密結社というのは、僕の住んでいる街の周辺で、ノラ猫を捕獲《ほかく》しては病院に連れて行き、避妊《ひにん》・去勢手術《きよせいしゆじゆつ》をしてもらって元の場所に戻《もど》すという活動をしている人たちのことだ。戻したノラ猫たちにはエサをやり続けて面倒《めんどう》を見て、その猫が命を全《まっと》うしたら、その代で終わらせる。

つまりこれは、長いスパンでの〝ノラ猫撲滅運動《ねこぼくめつうんどう》〟ということになる。〝秘密結社〟というひびきほど過激《かげき》でもダーティでもないのだが、世間に大声でアピールするのではなく、地道に活動している人たちなので、僕は勝手《かって》にそう呼んでいる。

ノラ猫というのは、だいたいがまず人間を警戒《けいかい》しているので、そう簡単《かんたん》には捕《つか》まらない。それが子猫でも、手を伸《の》ばして捕まえようとすると、ツツツッと後ろに退《さが》ってしまって、なかなかつかませてくれないヤツがほとんどなのだ。秘密結社のメンバーは、そのへん慣《な》れているので、まず百発百中。それはそれは美しいプロの技を駆使《くし》して捕まえる。

おばさんたちの言ったとおり、雨どいのところに、その子猫は引っかかっていた。何かのはずみで滑り落ちてしまったのだろう。

秘密結社の人の腕《うで》の中でチイチイ鳴《な》いていたその子猫は、目が開くか開かないくらいのチビだった。僕が受け取ると、さらに大きな声で鳴いた。

「チィ～チィ～‼」（ちなみに猫語の赤ちゃん言葉で、訳すと「ハラへったよォー、オッパイちょうだ～い‼」だったと思う）

ちょうど4月末で、そんなに寒くなかったのと、近所のおばさんの発見が早かったのと、おばさんたちの僕への指令《しれい》（？）が早かったので、このチビ猫は運よく助かったのだ。そう思うと、それがこいつの持って生まれた運命なのかなあと思えてしまう。いつもこいつらの運命は紙一重なのだ。

結局その猫は、僕が面倒を見ることにした。

雨どいに落っこちていたから、名前は「トイ」。メス猫だった。

哺乳瓶《ほにゆうびん》でミルクをあげたり、おしっこをさせてあげたり、僕はまるでお母さんのようになって育てた。子猫は、ちょっと風邪《かぜ》をひいただけであっと言う間に死んでしまったりすることがあるので、えらく気をつかう。嫌《いや》でもお母さんのようになってしまうのだ。乳は出ませんが……。

やっと歩くようになってから病院に連れて行って調べてみたら、病気もなく健康な猫だった。よかった！　とひと安心。もともとは母親と一緒だったので、ちゃんと初乳《しよにゆう》を飲んでいて、免疫力《めんえきりょく》ができていたからだろう。

トイちゃんは、僕のところに3ヵ月ぐらいいて、夏の真っ盛りの8月に、女優の坂井《さかい》真紀《まき》ちゃんのところへもらわれていった。僕のことをお母さんだと思ってなついていたので、別れるときはやはりつらかったなぁ。

でも、里子にもらわれていって、幸せに暮らせれば、それがいちばん。

子猫はカワイイ。

それが、家の中で大切に飼《か》われているブランドものの猫でも、ノラ猫でも、子猫はみんな同じにカワイイ。

それなのに、外の猫たちは、交通事故にあったり、病気になったり、いじめられたりして、ボロボロになって死んでいく。飼《か》い主《ぬし》だけが引っ越してしまったり、あきたからなんていう人間の身勝手《みがって》で捨てられたというだけで、過酷《かこく》な外の世界にもみくちゃにされて、誰にも知られずに死んでいく。

道端《みちばた》で目が合って連れてきた猫、病気で弱っていた猫、里子に行きそびれた猫……僕の家には、そんなノラ猫たちがいつも何匹かいる。そして、そんな猫たちが、いろいろなことを僕に教えてくれる。そんな猫を通して、いろいろな人との出会いがある。
これは、僕を取り巻くそんな人たちと、猫たちのことを書いた本だ……。

トイ

2　ノラ猫問題賛否両論《さんぴりょうろん》

都会のノラ猫の問題は、テレビでも何度か取り上げられ、討論会みたいなものもよく開かれている。ノラ猫にエサをやった方がいいとか、いや、やっちゃいかんとか……いつも討論は白熱するけれど、結局は平行線の討論で、だいたい結論が出た試しがない。UFOや宇宙人の討論会もいつも不毛ですが。

ノラ猫にエサをやっちゃいかんという人の言い分はこうだ。

「ノラ猫は、外で勝手《かって》に自分たちでエサをとって生きていけるんだから、わざわざエサをあげることはないだろう。エサをやるからますますノラ猫が増えて、図にのって、庭に入り込んで来たり、いろいろと迷惑《めいわく》をかける。エサさえやらなければ、ちゃんと野生で生きていけるはずだ」

しかし、実はこれが大きな間違いなのである。まず、増えるのはエサをやるからではなく、交尾をするからなのです。

ヘリクツはともかく僕も、昔はそう思っていた。家の中よりも外の方が自然に近くて、猫にとっては居心地《いごこち》がよく、幸せなのではと思っていた。だから、家で飼《か》っていても、好きなときに外に出られるような飼い方をしていた（専門用語？　で〝外飼い〟という）。

しかし、実は猫にとって自力でエサをとるということは、とんでもなく大変なことなのだ。野生に戻《もど》すなんていう言葉を、勝手に人間が使っているけれど、山猫ならともかく、家猫はもともとペット用として人間が改良した生き物だ。どんな雑種の猫でも、もともとは改良種。人間が家の中で飼えるように改良して作り出した動物だから、人間が面倒《めんどう》を見てやらなければ、生きていけないわけだ。だいたい野生というのは、食物連鎖が成り立って初めて野生なのだが、そんな自然な野生の猫を近所で見たことない。

現代の都会では自然にエサなんかないし、残飯《ざんぱん》をあさってるのは意外と知られていないけど、実はカラスがほとんどだ。ビルやマンションの谷間の環境《かんきょう》は、ノラ猫にとってはそうとう過酷《かこく》なのである。

そんな過酷な環境の中でも、なんとかノラ猫が生き延びていられるのは、必ずそんなノラ猫たちにエサをやってる「エサやりおばさん」がいるからなのだ。

東京でも、僕らが子供の頃の下町なんかだったら、まだ生活ものんびりしていて、ノラ猫も街の風景のひとつだった。

「あそこの料理屋の裏には、いつもデブの三毛猫がいるねぇ」

なんつって、ノラ猫のくせに、その料理屋の飼《か》い猫みたいな生活をしている猫がいたもんだ。料理屋の余り物をエサとしてもらい、寒くなって、料理屋の勝手口の土間に入り込んでうずくまっていても、誰も文句は言わなかった。それはそれで、なんかほのぼのとした風情《ふぜい》があったりもした。おさかなくわえたドラネコ（byサザエさん）なんてのもあったし。

でも、今は環境《かんきょう》が全然違う。見捨てられたままで放《ほ》ったらかしの猫が、どんどん増えている。それを、〝野生に返す〟なんていう言葉で済ましてしまうのは、人間の身勝手《みがって》以外の何物でもない。

問題は、エサをやるとかやるなではなくて、どうやったらノラ猫のいない街になるかということだと思う。

しかし、そんな過酷《かこく》な状況の中でも、なんとなくそのあたりで有名になってしまう、名物ノラ猫っていうのがいる。

うちの近所では、「カネマル」が有名だった。最終的にはうちに来て一生を終えたのだが、なんでカネマルという名前で呼ばれるようになったのかは、全く不明だ。「エサやりおばさん」の中には、「カベマル」と呼んでる人もいて、どっちが正しかったのかは、いまだに謎《なぞ》だ。

「ギャオギャオ」という、怪獣《かいじゅう》みたいな名前のヤツもいた。こいつは、ノラでもボスを張ってたヤツで、たぶん鳴《な》き声が「ギャオギャオ」してたから、そう呼ばれるようになったのだと思う。別名「種付けのギャオギャオ」といわれるぐらいで、手当たり次第にメス猫と交尾してしまう。なんともうらやましいヤツだった。

そのギャオギャオも、秘密結社《ひみつけっしゃ》がちゃんと捕《つか》まえて、去勢手術《きょせいしゅじゅつ》を施《ほどこ》したから、うちの周りのノラ猫の数は、ずいぶん減《へ》った。

毛の感じがパンダにそっくりな「パンダ」ってヤツもいた。いつも同じ柄のチビ猫〝子パンダ〟を連れていた。

「ラミちゃん」は僕が借りていた駐車場のところで見つけた。それはすごい皮膚病《ひふびょう》にかかってたので、うちに連れて帰って洗ってやったら、シラミが身体中いっぱいだった。もう、シラミがザザ〜ッ！　って感じ。

だから「ラミちゃん」。

ラミちゃんは、シラミがいなくなって、皮膚《ひふ》がきれいになったら、すごい美人猫だったことが判明した。くっきりしたきれいな三毛猫だ。外に戻《もど》した後も、僕が駐車場に行くと、必ず顔を見せてくれていた。

かなり僕になついていたので、一度家に入れてみたのだが、うちにいる他の連中と全く相性が合わなかった。仕方ないから、外でエサだけやることにした。

それが、最近姿を見せなくなった。きれいな子だから、きっと誰かに飼《か》われてるんだろう、と信じたい。

「モモ」は、13年間、ずっと外でエサをやりながら面倒《めんどう》を見てて、おばあちゃんになったから、今年初めてうちに入れてあげた。

外でみんなにかわいがられていて、そろそろ寿命《じゅみょう》だっていうヤツは、そうやってうちに入れてやりたいなあと思う。だんだんボロけてきたり、病気っぽくなってきたというのは、毎日見ていればわかる。そしたら、獣医《じゅうい》さんのところに連れていって診《み》てもらい、よっぽど弱っていたら、家の中でケージ飼いにしたり、毎日点滴にいったり……。そうやって、最終的にはうちで死んでいったノラ猫が、これまでにたくさんいる。

前に誰かに飼われてたヤツは、どこか人間に気を許してるから、ネイティブなノラ猫と違って、膝《ひざ》の上に乗ってきたりして、すぐわかる。

こいつ、前はなんて名前で呼ばれてたのかなあ……ときどきそう思って、せつなくなることもある。僕が勝手《かって》に名前つけても、きっと本人は嫌《いや》だろうなあと思い、「お前、なんて名前で呼ばれてたの？　タマ！　ポチ！　コーノスケ!!……」

試しにいろいろな名前で呼んでみても、無反応、無視。

そういういろいろな運命を歩んできたノラ猫が、うちで寿命を全《まっと》うしていく。ホスピスSAKAZAKIと名付けてみるか。

相変わらず、都会のノラ猫論争は平行線をたどっているけれど、僕の腕《うで》の中で死んでいくそいつらを看取《みと》るときは、悲しいというのとは違った、感動みたいなものを感じる。

「今までよくがんばったね!!　ゆっくりお休み」

そして、いつか都会から1匹もノラ猫がいなくなる。

それでいいんじゃないのだろうか？

パンダ

子パンダ

3

秘《ひ》密《みつ》結《けつ》社《しや》は今日も行く！

〝ノラ猫撲滅運動《ねこぼくめつうんどう》〟を地道にやっている人たちを、僕は勝手《かって》に〝秘密結社《ひみつけっしゃ》〟なんて名前をつけて呼んでるけれど、その実態はけっこうあいまいだ。会長がいるわけでもないし、メンバーの人数だってハッキリしていない。自分たちの考えを、何かで訴《うった》えるというような、大々的な啓発運動《けいはつうんどう》を起こそうとしているわけでもない。

ただ、ノラ猫に対する、同じような考えを持った人たちが、なんとなく集まって、助け合って活動しているという感じなのだ。僕が知っているのは4～5人ぐらいで、みんな自分のペースで活動している。

ノラ猫問題に関する考え方は、もちろん猫の好き嫌《きら》いの度合いによってもそれぞれ違うから、ひとつにまとめようとする方が難しいのではないかと思う。僕も今のマンションに引っ越して来て、この活動を知ってから、できる範囲《はんい》で協力しているので、一応メンバーの一員だと勝手に思っている。

猫にエサをやるという行為《こうい》だけで、世間から白い目で見られる場合が多いので、みんなひっそりと行動しているようだ。ノラ猫と聞くだけで、目の色を変えて嫌《いや》がる人たちを刺激《しげき》するようなことは決してしない。正しいことをしているという自負《じふ》がある割には、けっこう肩《かた》身《み》の狭《せま》い思いをしているところが、ちょっとつらい。

でも、僕らの中の誰かが、そういう猫嫌いの人に、ノラ猫にエサをあげているところを見つかったときは、ちゃんと奥の手がある。

「説明おばさん」の登場だ。

同じ秘密結社でノラ猫撲滅運動をやっていても、それぞれの関わり方はまちまち。例えばそういう活動をすることは賛成《さんせい》で、猫も大好きなんだけど、実は自分では全く猫を触れないという、ちょっと不自然なおばさんもいれば、避妊《ひにん》・去勢手術《きよせいしゆじゆつ》の治療費《ちりようひ》とか、お金の面だけ協力してくれる殊勝《しゆしよう》な人とか。

僕の家の近所の「トイちゃん」を見つけてきたおばさんたちは、僕らの活動の意味はちゃんとわかってるけど、自分たちは何もしないという、いわば日本人の典型的なタイプ。あるいは「エサやりおばさん」はやるけれど、避妊・去勢っていうのはどうも……というおばさんたちもたくさんいる。

で、その「説明おばさん」なのだが、これがなかなか凄腕《すごうで》だ。僕らの活動の意味を相手にわからせるその論法には、実に説得力《せつとくりよく》がある。

では、その見事な説明ぶりを実況中継しましょう。キュー!!

「ここでエサをやらないでもらえます?」

と、誰かが激怒《げきど》している。まず「説明おばさん」は静かに振《ふ》り返り、

「あなたは、たぶん猫が嫌いなんでしょう?」

と柔《やわ》らかく言う。そうすると相手はたいてい、

「嫌いなんです」

「嫌《きら》いではないけど、庭を荒らすノラ猫は困《こま》るんです」

「もう、うるさくって」

などと答える。そこで「説明おばさん」は、強烈《きょうれつ》に切り返すのだ。

「じゃあ、今ここでノラ猫を殺《ころ》せますか?」

そう言われて、「はい」と言える人はまずいない。いちゃ困る。

だいたいの人はここで、

「それはできないけども、私はノラ猫はいない方がいいと思うし……」

と、ちょっとひるんでしどろもどろ。

そこまでいったら、もう「説明おばさん」のペースだ。あくまでも穏《おだ》やかな口調で、相手の目を見て「説明おばさん」は続ける。

「じゃあ、長いスパンでものを考えてみてください。私たちは、エサをやりながらノラ猫を慣《な》らしていって、捕《つか》まえて、避《ひ》妊《にん》・去勢《きよせい》の手術をさせているんです。そして、またここに返して、ちゃんと毎日エサをやりに来ます。それでこの猫たちが寿命《じゆみよう》を全《まつと》うして死んだら、もう、ここには猫はいなくなるでしょう？　何か間違っていますか？」

つまり、ただカワイイからというだけで、やたらにエサをやってるわけじゃないことを、ちゃんと主張しておくのだ。

「言いかえれば、私たちは、ノラ猫が嫌いなあなた方のためにやってるんですよ。避妊・去勢代は私たちが全部持ってますから。エサ代もね」

そこまで言えば、たいていの人は何も言えなくなってしまう。

そして「説明おばさん」の言うことは、何も間違っていないのだ。

どうしても、エサをやっている人の方が一般的には悪者のような風潮がある。「エサやりおばさん」や秘密結社《ひみつけつしや》が、堂々と活動できる街は、今のところあんまり見当たらない。

「エサをやるから、ノラ猫が増えるんだ！」

と、どこでもニラまれることの方が多い。

でも、よく考えてみれば、そんなことあるわけないのだ。

ごはんを食べただけで人間も猫も増えるわけがない。子供を産むから増えるのだ。だから、産ませないようにする。それはもう、いたって単純な論理。実際僕も、「説明おばさん」みたいな人たちの話を聞いて、もっともだなあと思ったひとりだったたし。

ただ、エサのやり方は考えないといけない。なるべく周りの人に嫌《いや》がられないようにエサをやるには、絶対に守らなければいけないルールがある。

それは、エサをやったら、後で必ず片付けにいくこと。それをしないでエサをやりっ放しにしておくと、カラスが残ったエサに集まって来るとか、腐って悪臭を放つとか、反対派から文句を言われる、絶好《ぜっこう》の理由ができてしまう。

「エサやりおばさん」たちは基本的には人の言うことをあまり聞かないタイプ（ゴメン!!）の、典型的なおばさんだけど、そういうところは、本当に細やかに神経をつかう。細かく、細かく……。

秘密結社《ひみつけっしゃ》は何かと大変なのだ。
それでも元気に、秘密結社は今日も行く……。

シュンとチエ・サトシ

4　ここでエサをあげてください

ある日、秘密結社《ひみつけっしゃ》の連絡網《れんらくもう》にこんな情報《じょうほう》が入った。

「Ｈ公園の管理《かんり》人《にん》さんが、異動になっちゃうんですってよ！」

Ｈ公園の管理人さんというのは、とても猫や動物が好きなおじさんで、公園にいる20匹ぐらいのノラ猫の面倒《めんどう》を、いつも見てくれている人だった。避妊《ひにん》・去勢《きょせい》の面倒はもちろん秘密結社がやって、その後、エサをやったりは、全部その管理人さんにお願いしてあったのだ。

「そりゃあ大変だわ！　早く行かなくちゃ！」

すぐに出動命令が出て、僕も飛んで行った。

先に来ていた秘密結社のおばさんが、猫をまとめて、みんなに振《ふ》り分けている。Ｈ公園は、僕らが活動している地域からは、ちょっと遠いところにあるので、毎日エサをやりに行くのはなかなか難しい。とりあえずみんなで手分けして、里親を探そうということになったのだ。

「はい、坂崎さんは４匹！　私も４匹ね！」ってな感じだ。

僕は、担当した４匹のうち、２匹は里子に出し、２匹はうちで飼《か》うことにした。

秘密結社の素早い仕事ぶりで、Ｈ公園のノラ猫は、路頭《ろとう》に迷うことなくあちこちにもらわれていった。

ところが、その後、H公園事件に関して、新しい情報が入ったのだ。

なんと、猫の面倒を見ていた管理人さんは、会社の都合で異動になったのではなく、ノラ猫を管理人室などに入れているところを誰かに通報されて、管理人をクビになってしまったらしいのだ。

なんとも納得できない話だなと思う。

誰に迷惑《めいわく》をかけていたわけでもないのに……それどころか、みんなのためにやっていたのに、どうしてクビにならなければいけないのだろう？

ノラ猫と、ノラ猫にエサをやっている僕らを目の敵《かたき》にしている人たちとの平和協定は、まだまだ難しい。

よく、家の入り口や、庭先に、ノラ猫よけだといってペットボトルに水を入れて置いている家がある。あれがなんでノラ猫よけになるのか知らないが、あれを見るたびに、無性に腹が立ってくる。だいたい、実はあれは、そうとう危険なのだ。水を入れたペットボトルがレンズになって、太陽の角度によって、火事の原因になってしまったりすることもあるそうだから。

あるお料理の先生が、あのペットボトルのことについて、テレビでコメントしている言葉が面白かった。

「あれ、どういう顔して、ペットボトルに水を詰めてるかって想像すると、ホント面白いけど、ムカムカするわ！」

僕も同感!!

その先生が言ってた言葉がもうひとつある。

「ノラ猫にエサをやるところは、街とか自治会で、例えば公園のこことか決めればいいのに。何時に誰々がやりに来ますって、決めちゃえばいいのよ。後は、街の人が全員で避妊《ひにん》・去勢《きょせい》に協力して、今いる猫はみんなでかわいがって、エサもちゃんとやれば、ノラ猫だって、あちこち荒らさなくなるでしょ！」

そのとおり！

すごく明解な考え方だなあと思った。

飼《か》い主《ぬし》のわからない猫を、わけのわからないまま、誰かが静か〜に、ひっそりと肩身《かたみ》の狭《せま》い思いをしてエサをやったり、避妊手術したりしてるより、その方がずっと文化的でいいと思う。

「ノラ猫がこの街には〇匹います！」

そうハッキリ言って、どんな猫がいるかリストを作る。エサは、今日は誰、明日は誰というふうに当番制にして、自治会が責任を持って避妊・去勢してやれば、絶対にノラ猫はこれ以上増えなくなる。後は、今いる猫たちを、みんなで飼《か》ってやる気持ちでいればいい。昔の下町の感覚だ。万が一他の地域から猫が入って来てもすぐにわかるし、対処できるだろう。

そうすれば、秘密結社《ひみつけつしや》はもう秘密結社じゃなくなる。

それでいいのだと思う。

「ここで猫にエサをあげないでください」

という看板《かんばん》ではなく、

「ここで、エサをあげてください」

という看板が公園に立つようになったら、最高なんだけど……。

5

秘密結社《ひみつけっしゃ》のスーパースター

秘密結社《ひみつけっしゃ》の中の、いちばんのスーパースターは、なんといってもIさんだろう。

Iさんは、某大学のフランス語の女の先生なのだが、学校でフランス語を教えている他は、ほとんどの時間をノラ猫の捕獲《ほかく》と避妊《ひにん》・去勢《きょせい》・エサやりに費《つい》やしてるという、ものすごい人だ。たまに、休み時間に学校を抜け出して、猫を捕《つか》まえに行ってしまうこともあるという話を聞いたときは、スゴイを通り越して、参った！　という感じだった。

たったひとりで、今までに2000匹近くのノラ猫の面倒《めんどう》を見ているという凄腕《すごうで》。避妊・去勢の手術代も全部自分で持っているわけだから、もうかなりの私財をなげうっていることになる。

多い日は、1日に8匹ぐらい捕まえてしまうこともあるらしい。仲のいい動物病院も、僕が行きつけの先生のところの他にいくつかあるらしく、すぐに予約して、こっちの病院に3匹、あっちの病院に2匹……といった具合に回って、さっさと手際よく済ましてしまう。外に戻《もど》せないような病気の猫なんかは、結局家で飼《か》ってるから、そのへんは僕と同じようなもんだ。

Iさんは、街単位でノラ猫を撲滅《ぼくめつ》しているからハンパじゃない。

代々木とか、原宿とか、豪徳寺《ごうとくじ》とか、はたまたいきなり八丁堀《はっちょうぼり》など、それが都内全域に及んでいるところもさすがだ。

例えば井《い》の頭線《かしらせん》に乗っているときに、電車がスピードを落としたのでふと窓の外を見たら、路地裏《ろじうら》にノラ猫がいたとする。そうすると、Ｉさんはすぐに次の駅で電車を降りて、そのノラ猫がいたあたりを歩き回り、下調べを始める。だいたい1週間くらい通って、徹底的《てっていてき》に調べるらしい。

こんな猫がいた、あんな猫がいたと、猫の特徴《とくちょう》を把握《はあく》した後、今度は、その猫たちにエサをあげてる人がいるかどうかなども調べる。だいたい夕方日が落ちたぐらいに行けば、必ずその地域の「エサやりおばさん」が姿を現す。そういう人たちを見つけては、柔《やわ》らかい口調で話しかけるのだそうだ。

「毎日エサをあげてますか？」

「お家でも飼われてますか？」

「避妊なんかはどうしてますか？」

もしその人が、自分では飼う意思はないが、エサだけはあげようという人だったら、Ｉさんはこう言う。

「じゃあ、私が捕《つか》まえて避妊《ひにん》・去勢《きょせい》の手術をして、もう一度ここに戻《もど》しますから、そしたらこれからも、エサだけはずっとあげてくださいね。もしやれない日があったら、私に電話してください。私がやりに来ますから」

もし、ちゃんと避妊・去勢までしている人だったら、それはその人に任せて安心して帰ってくる。でも必ず、

「もし他の新しい猫が入って来たりっていう情報《じょうほう》が入ったら、すぐに電話してください」

と、連絡先《れんらくさき》を教えてくるのを忘れない。

家族もちゃんとIさんのやってることを理解していて、手伝うわけではないけれど、家で飼《か》ってる里子に出せなかった猫の面倒《めんどう》なんかは、お子さんやご主人が見てあげているようだ。自分の息子のお弁当を作るより、まずは猫を捕まえに行ってしまうような奥さんなのに……半分、諦《あきら》めてるのかもしれない。

僕はハッキリいって、Iさんのやることには手を出せない。というか、全くかなわないといった方が正しいかもしれない。

でも、ときどき、

「坂崎さん、ちょっと車出してくれる？」

とか、

「また猫捕まえたから、先生のところに連れてって」

とか頼《たの》まれると、できる限り手伝うことにしている。

Ｉさんは、これだけあちこち幅広く活動しているのに、大きなケージを持っていくときでも、移動は電車と徒歩だ。僕は常日頃からＩさんには、

「免許《めんきょ》取ればいいのに……」

と言っているのだけれど、簡単《かんたん》に免許を取れるような性格《せいかく》の人じゃないのもわかっている。方向音痴だし、駅の名前は間違えるし……。

この間も、Ｉさんから突然《とつぜん》電話がかかってきた。

「世田谷《せたがや》の北沢税務署《きたざわぜいむしょ》の裏にノラ猫見つけたから、坂崎さん、お願いっ！」

スーパースターのお願いとあっては、断るわけにはいかない。ネムたいのになあと思いつつ、Ｉさんを乗っけて車で北沢税務署の方にいざ出発。

ところが、探しても探しても、全然猫の姿が見当たらない。

「Iさん、いったいどこなんですか?」

「あらあ、どこだったかしら?　変ねえ……」

一方通行だらけのややっこしい住宅街を、何度もぐるぐる探し回って、結局着いたのは新《しん》代田《だいた》だった。北沢税務署《きたざわぜいむしょ》は梅ケ丘だというのに……。

東松原の駅と、住所の松原を間違えるなんてことはしょっちゅうだ。

それでも、なんの不安も抱かずに、平気で知らない街を、ノラ猫を求めて歩き回るIさんは、やっぱりスゴイ。

Iさんは、今日もまたどこかの街で、ノラ猫撲滅《ぼくめつ》のために奮闘《ふんとう》している。

夏休みも、当然返上だろう。

そんなIさんが、

「最近なんだか暇《ひま》になっちゃったから、車の免許《めんきょ》でも取ろうかしら」

なんて言う日が早く来ないかなぁ。

6

僕がノラ猫にこだわる理由

こんな僕も、最初からノラ猫の避妊《ひにん》・去勢《きょせい》というものに賛成《さんせい》だったり、〝ノラ猫撲滅運動《ねこぼくめつうんどう》〟を知っていたわけではない。

道を歩いていて、あるいは駐車場で、たまたま目が合って、後をついてきたノラ猫を飼《か》い始めた……僕が最初に猫を飼い始めた理由は、そんな単純なことだった。ここまではどこにでも、誰にでもありうる話ですね。

特別に猫に関する知識があったわけでもないので、最初はただ普通に飼ってただけだ。いや、普通以下だったかな。しかし、一緒に生活していると、やれ吐《は》いたとか、食欲がなくなったとか、何かを壊《こわ》したとか、いろんな事件が起こってくる。生き物を飼うということは、いろいろ問題が起きたり、わからないことも多い。

病気になれば、病院に連れていかなければならない。なんで病気になったのか、その原因も気になってくる。そして動物病院で、たまたま近所の「エサやりおばさん」と出会ったり、お医者さんから教えてもらったりして、交友関係も、知識も、少しずつ拡がっていく。

猫に避妊や去勢の手術を施《ほどこ》すということは、病院で初めて知った。僕が今いちばん信頼している〝猫先生〟の診療所《しんりょうじょ》には、

「猫の避妊・去勢のすすめ」

というポスターがはってあって、最初それを見たときは、ちょっとびっくりしてしまった。こういうのは、わざわざポスターで訴《うった》えるほど重大なことなのだろうか？　と思ったからだ。

子供が生まれるのは自然なことで、猫の気持ちを考えないで、勝手《かって》に人間の判断《はんだん》でそんなことをするなんて、ちょっと不自然だよなあ……そう考えると、あまりいい気分ではなかった。

だけど、ポスターにまでなっていたり、専門誌上で、取り上げられたりしているということは、けっこう深い意味があるんだろうなとも思えた。

外の環境《かんきょう》が、小さな子猫にはかなり過酷《かこく》だということは、「エサやりおばさん」から聞いて、少しは知っていたつもりだ。実際、ノラ猫の子猫を見つけて

「お腹《なか》が空いてそうだなあ」

と思って、車に積《つ》んであったカリカリをやってみると、信じられないくらいガツガツ食うので驚くことがよくあった。

「こんなに腹が減《へ》ってたのかあ！」

「エサやりおばさん」たちがいるとはいえ、やっぱり外猫は悲惨《ひさん》なのだ。ノラ猫に対するもっと残酷《ざんこく》なイジメの話も、あちこちでニュースになっているし。

子猫は、本当にカワイイし、罪もない。

でも、そういう子猫がノラで生まれてきて、本当に幸せなんだろうか？　と考えるようになってきたのだ。簡単《かんたん》に
「カワイイから産ませてやれば」

とは言えなくなってしまったのだ。

〝猫先生〟のところにも、

「子猫が生まれちゃったんですけど、誰かもらってくれる人いませんか？」

と、子猫を持ってくる人がたくさんいるらしい。

先生は、内心すごく腹が立っていることだろう。

「なんで、そんな無責任な産ませ方をするの！」って。

飼《か》っている猫が産んだ子供は、当然飼《か》い主《ぬし》の責任。面倒《めんどう》を見ることもできないのに、産ま

せてはいけない。

だから、人間だって避妊《ひにん》をするように、猫のことも、飼ってる人間がコントロールしていこうという考え方なのだ。

ノラ猫はそんなコントロールはできない。さかりがつけば交尾するし、そのたびにどんどん増えてしまう。親からの遺伝で、猫白血病《はっけつびょう》や猫エイズをもった子猫がもっと増えていく。だからって、自分でそういうノラ猫をどこかに施設を作って、面倒を見るなんていう大々的な発想は、どう考えても無理。東京ドーム何個分のスペースが必要だろう？　だめだ、こりゃ。

「じゃあ、僕には何ができるのかな？」

もともとなんでも追求していく性格《せいかく》の僕なので、そうやっていろいろな人の話や意見を聞いているうちに、人知れずノラ猫を捕《つか》まえて、避妊手術を施《ほどこ》しているという「秘密結社《ひみつけっしゃ》」のおばさんたちの存在を知ったのである。

〝猫先生〟自身も、そういう「秘密結社」の人たちが連れて来たノラ猫に避妊手術をしたり、治療《ちりょう》をしたりしてあげているので、まあ、「秘密結社」の一員であるともいえるだろう。

理想は、世の中から不幸なノラ猫が1匹もいなくなること。

今いるノラ猫は、もう生を受けてきてしまったから、ちゃんと最後まで面倒《めんどう》を見てあげる。でも、そいつの代で終わらせる。そうすれば、もうそれ以上、ノラ猫は増えないわけだ。

「エサやりおばさん」も「秘密結社《ひみつけつしゃ》」もそうだけど、いくらノラ猫の面倒を見るといっても、全部家に引き取るわけにはいかないので、手術を施《ほどこ》して、また元いた場所に返し、そこでずっとエサをあげる。そして、その猫が命を全《まっと》うしたところで、それは終わる。

「そうか！　そういうことだよね！」

そういう、ちょっと広い見方をした考え方が、僕にはだんだん納得できるようになった。

だから、僕も少しずつ「秘密結社」の一員となったり、「エサやりおばさん」の仲間になったりし始めた。外で生きられないような弱ったヤツとか、たまたま目が合っちゃったヤツとか、里子に行きそびれたヤツは、僕の家が住処《すみか》になる。

いちばんいろんなことを教えてくれるのは、そんな猫たちだった。母性本能のすごさを教えてくれたり、死んでいった猫たちは、いろいろな形で、僕に〝命〟の意味を残してくれた。

いつの間にか、そんな猫たちに囲まれた生活が当たり前になってしまった。

でも僕は、特に猫が動物の中でいちばん好き、というわけじゃない。俗にいう犬派でも猫派でもない。しいていえば野生派かな？　犬も好きだし、両生類《りょうせいるい》や爬虫類《はちゅうるい》も好きだし、熱帯魚も大好きだ。例えば、近所にノラ馬がたくさんいたら、きっとうちは馬だらけになってただろうし（ちなみに僕はウマ年）、ノラ豚《ぶた》が増えてたら、豚が何匹も僕のベッドで寝てたことだろう。ブヒブヒッ!!

たまたま、ノラ猫があまりにも増えすぎていた。

ただ、それだけのこと。

ただ、それだけのことだからこそ、本当はもっとみんなでちゃんと考えていかなければいけないこと。

それでも、いまだに僕の家の猫の数は減《へ》らない。

チッチ・ポッポ

7

病院は選ぼう！

今僕がうちの猫たちの面倒《めんどう》を見てもらってる動物病院の〝猫先生〟は、今のマンションに引っ越して来たとき、近所の秘密結社《ひみつけっしゃ》のおばさんたちに紹介してもらった。確か、まだ先生が病院を開いて間もない時期だったと思う。

その前にお世話になっていた病院も一生懸命治療《いっしょうけんめいちりょう》してくれたし、悪くはなかったのだが、〝猫先生〟はちょっと違った。

〝猫先生〟は、30代後半の吉田拓郎大好きの女の先生だ。

猫以外にももちろんいろんな動物を診《み》てくれるのだが、なんといっても、猫がいちばん好きらしい。僕がいるときに、犬を連れて来ていたお客さんがいたが、イマイチのりが……。それだったらば、「動物病院」なんて言わないで、いっそのこと「猫病院」にしてしまえばいいのに。そうはいかないか。

先生がいちばん苦手なのがよりによって爬虫類《はちゅうるい》だ。僕が、うちで飼《か》ってるトカゲの話なんかをしようものなら、顔をしかめて、

「もう、トカゲって聞いただけでイヤ！」

なんて言っている。片寄ってるなぁ先生!!

ちょっとトカゲの具合が悪いので、先生に症状《しょうじょう》を話したら、ろくに僕の話を聞きもしないで、いきなり診療所《しんりょうじょ》に置いてある、小動物用の研究書とか医学書を何冊か持ってきて、

「このページに薬のこととか書いてあるから、ここを勝手《かって》にコピーしてって！」

なんて、そりゃあ、そっけない。

僕は爬虫類の医学書や専門書を外国から取り寄せたり、自分で訳して読んだりしているので、爬虫類の病気に関してだけは、〝猫先生〟よりはるかに詳しい自信があるのだ。ときどき冗談でそういう本を持って行って、

「先生、これも勉強しておいてよ！」

と、渡そうとするのだが、先生は絶対に受け取らない。

「いえ、私は絶対に診ませんから！」

とことんガンコだ。

〝猫先生〟の診療所には、秘密結社の人たち専用のケージがいくつかあって、いつでも拾《ひろ》ってきた猫を入れられる準備ができている。もちろん、僕のもちゃんとある。拾ってきた猫は、必ず先生のところにまず連れていって、血液検査をして、猫エイズとか猫白血病《はっけつびょう》に感染《かんせん》して

いないか調べてもらう。子猫だったら、三種混合ワクチンを注射してもらう。母親の初乳《しょにゅう》を飲んでる子猫だと、免疫《めんえき》ができてるからけっこう強いが、初乳を飲んでいないと、子猫はちょっと風邪《かぜ》をひいただけでも死んでしまったりすることが多い。

だからワクチンを打って、パルボウイルスとかカリシウイルスという子猫にとっては命取りのウイルスに対する免疫を高めておくわけだ。

ノラ猫の病気を見つけるのも、けっこう楽ではない仕事だ。

だいたい、産まれたときからのノラ猫は、なかなか人を寄せつけないから、体の調子を診《み》てやることが、なかなかできない。例えば猫は、意外と歯石《しせき》がたまりやすく、それがたまってくると、歯茎《はぐき》が膿《う》んできて、歯槽膿漏《しそうのうろう》のようになってしまう。ひどいと歯が抜け落ちたり、痛くてエサが食べられなくなったり。こんな症状《しょうじょう》なんか、ノラの場合では、なかなか見極《みきわ》められないのだ。

あるいは、なんだかちょっと調子をくずしてる猫のために、〝猫先生〟は僕らに、抗生物《こうせいぶつ》質《しつ》なんかを多めに分けてくれる。そういう薬を、僕はいつも車に積《つ》んでおいて、ノラ猫にエサをあげるとき、ちょっとクシャミをしているヤツがいたり、エサをあんまり食べないヤツを見つけたら、エサにその薬を混ぜてやる。そうすれば、猫を捕《つか》まえて治療《ちりょう》しなくても、とりあえず1週間でよくなってくれるのだ。

そんなことも、みんなその〝猫先生〟から教えてもらった。避妊《ひにん》・去勢手術《きょせいしゅじゅつ》も、もちろん全て〝猫先生〟にやってもらう。先生自身も、自分でノラ猫を捕まえてきて、手術をしてから元の場所に返したり、飼《か》ったりしてくれている。

これは人間の病気の場合もいえることかもしれないけど、どんなお医者さんに出会うかで、運命は大きく変わってしまうんですね。

例えば、動物病院の中には、ノラ猫は診てくれないところも、意外とたくさんあったりするのだ。知ってた？

「病気が他の猫にうつるから」というのが表向きの理由。

猫の飼《か》い主《ぬし》にしても、自分のうちの猫と、きったないノラ猫は別ものだと思っているような人はたくさんいるものだ。そういう人はきっと、ノラ猫がいる病院なんていったら、極端に嫌《いや》がるに違いない。

「うちの◯◯ちゃんを、ノラ猫のいる病院なんかに入れられません！」

目をつり上げて、そんなことを言っている姿が目に浮かぶ。

雑種のノラ猫だって、お金持ちの家で飼《か》われてる血統書付きのペルシャ猫だって、ひと皮むけば（本当にむかないように!!）ただの家猫。それなのに、命を預かるお医者さんがそういう差別した見方をしていていいのかなあ。そりゃ商売も大切ですが……。

〝猫先生〟の診療所《しんりようじよ》のスタッフは全員女の人だ。だから坂崎気に入ってるんだろ？　って。そうじゃないって!!　みんな気だてがいい人たちばかりで、僕らが捕《つか》まえてきたノラ猫にエサをやったり、里親を一生懸命《いつしようけんめい》探したり、里親が見つからなかったら、そのケージでずっと飼ってやったりと、ちゃんと最後まで面倒《めんどう》を見てくれる。

たかが猫のことなのだが、そういう猫たちや、その周りにいる人たちを見ていると、いろんなことがその奥の方に見えてくる気がする。

猫のいろいろな生き方から、何かをちゃんと学べる人、何も学ばない人。猫は動くぬいぐるみたいなものとしか思ってない人。自分の飼っている猫だけがよければいい人……。

そしてたぶん、ノラ猫たちの方も、そんな人間のことを、実はちゃんとわかってるのではないかと思うのだ。

8

里子の追跡調査《ついせきちょうさ》

〝猫先生〟の診療所《しんりょうじょ》の奥の部屋にあるケージは、いつももらってくれる人（里親）を待ってるノラ猫でいっぱいだ。需要《じゅよう》と供給《きょうきゅう》のバランスでいったら、やっぱり圧倒的に需要の方が少ない。だから、ノラ猫がたくさん増えてしまうわけで、僕らはいつも里親探しで苦労しているのだ。

「猫が欲しいんですけど……」

ときどき、そう言って先生の診療所を訪ねて来る人がいたりすると、本当にうれしくなってしまう。

その男性も、どこかで〝猫先生〟と秘密結社《ひみつけっしゃ》の話を聞きつけて来たらしく、ノラ猫をもらいたいと言って、診療所にやって来た。先生は、ケージの中にいる猫の中から、その人の好きなコを選んでもらって、病気をもっていることや、それでも発病するとは限らないこと、僕らがエサをやったりして慣《な》らしてあるので、なつかないということはないことなどを説明して、1匹の三毛の子猫を里子に出した。

しばらくして、またその男性がやって来て、1匹だけじゃかわいそうなので、もう1匹三毛猫が欲しいと言う。三毛猫が大好きなんだと言う。そういう猫好きの人も世の中にはたくさんいるので、先生は喜んで、また1匹の三毛猫を里子に出した。その男性は、猫エイズの子猫でも、ちゃんと様子を見ながら飼《か》うからと言って、嫌《いや》がらずにもらってくれる。たいていの人は、「もともと猫エイズをもっています」なんて言うと、みんなビビってしまうものなので、僕らにとっては、そういう理解のある里親の方がいると、本当にうれしいものだ。

それからも、その男性は何度か来て、三毛猫を連れていった。

結局、3ヵ月で5匹。

最初は喜んでいた先生だったが、その男性が6匹目が欲しいと言ってきたときは、さすがにちょっと変だな……と思い始めた。こんなに何匹も三毛猫ばかり連れていくのは怪《あや》しい。そういえば、今までもらっていった猫に、ワクチンを打ちに来たことは一度もないし、そういう猫たちのその後の話を、ひと言も口にしたことがない。猫好きな人というのは、絶対に飼っている猫の性格《せいかく》や、成長のことなどを、こっちが聞かなくても話したがるものなのに……。

これはおかしい！　と思った先生は、さっそく後追い調査《ちょうさ》を開始した。僕らはもしものときのために、里子に出すときは、必ず里親の連絡先《れんらくさき》などを聞いておくので、住所や電話番号はわかる。なかなか連絡がつかないときは、その住所を頼りに、家まで行ってみたりする。そのへんは、秘密結社《ひみつけつしゃ》の出番だ。

その三毛猫好きの男性を後追い調査《ちょうさ》してみて、すごいことが判明した。

そいつは、先生のところからもらった三毛猫を、みんな外国に売り払っていたのだ。猫エイズをもっているということは、もちろん内緒にして。

三毛猫は日本独特の猫で、いわゆる和猫の代表みたいなものだ。日本でも、珍しいので、三毛猫というだけで喜ぶ人がいるけど、外国では特別に高く売れる。それで、こいつのように、裏取り引きで輸出してる悪い奴がいるわけだ。先生も、うかつだったと大反省。

それ以来、先生も僕ら秘密結社のメンバーも、ノラ猫を里親に出したときは、後追い調査を欠かさずにすることにしている。そうやって、改めて調査してみると、本当にひどい里親がいるのを発見して、驚いてしまうこともある。

例えば、一人で何十匹も飼《か》ってるという人がいた。その人はいつも、

「まだまだ大丈夫。いくらでももらってやる！」

と、偉そうに豪語《ごうご》していたらしい。

「えっ、もらってくれるんですか?」

常に里親探しで苦労している僕らにとっては、そりゃあうれしい話なので、どんどんあげていたらしい。だが三毛猫を外国に売り払っていた男性みたいに、猫を金に換えるようなことはしていなかったけれど、一人で何十匹も飼ってるっていうのは、普通じゃないんじゃないか。そう思い始めた。

実は、その人は、猫を虐待《ぎゃくたい》しておもちゃにするためにもらっていたんだということを聞いた。実際にその現場まで押さえることはできなかったが、猫の様子は、どう見ても尋常《じんじょう》ではなかったそうだ。

みんな、怒りを抑《おさ》えて心に誓った。「いい話があっても、簡単《かんたん》にはあげないぞ」って。

いちばんヤバイのは、実験動物用にノラ猫を集めて、大学病院などに売って小遣《こづか》い稼《かせ》ぎをしている、ブローカーみたいな奴。そいつらは、先生のところにもらいに来るだけじゃなくて、自分たちでノラ猫を捕獲《ほかく》したりもしているから、かなり悪質だ。

僕も、一度だけ、

「こいつは怪《あや》しいなあ……」

と思う現場を見たことがある。

だいたい、ノラ猫の「エサやりおばさん」というのは、顔ぶれが決まっているのだが、突《とつ》然《ぜん》、近所の人でもない見ず知らずの男性が、いかにも猫が好きそ～な、サンマを焼いたヤツなんかを新聞紙に乗せて持ってきて、猫にやっていたのだ。たぶん、そうやって何日か通って慣《な》らしておいて、適当なところで、まとめて捕《ほ》獲《かく》するという手口なのだ。

ある晩突然、何匹かのノラ猫が消えてしまったということが、何度かあった。さすがに秘《ひ》密《みっ》結《けっ》社《しゃ》のメンバーも「あいつらの仕業か……」と落ち込んでいた。

秘密結社の、里子の後追い調《ちょう》査《さ》や事前の下調べは、かなり完《かん》璧《ぺき》だ。里親の人が、どういう生活をしていて、ちゃんと家で飼《か》える状況かとか、家族構成がどうだとかというところから始まって、

「もしいらなくなったら、いつでもまた私のところに返してください」

と、出戻りのことも念を押しておく。もしその里親が飼えなくなって、もらった猫をまた捨ててしまったら、なんの意味もないから。

秘密結社のおばさんの中には、里親に猫を渡すとき、その人の家まで一緒に行って、その

家の環境《かんきょう》を見届《みとど》ける人もいる。

「これじゃダメですね。ケージを私が買いますから、それで飼ってください」

と、ちゃんと飼う準備まで責任を持ってやるそうだ。まるで、娘の嫁入りのときに、花嫁道具を持たせるような感覚だ。

里子に行ったはいいけれど、そこで不幸になるっていうのが、僕らにはいちばんたまらないことなのだ。

秘密結社のメンバーではないのだが、ノラ猫を捕《つか》まえて、里子に出す運動に参加してるおばさんが、たまたま1週間に20匹も捕まえてしまったときも、いろいろと大変だった。

そのおばさんは、がんばって全部里子に出したのはよかったのだけど、例えば通りすがりの人などにも、

「猫をもらってもらえませんか?」

と言って、誰彼かまわずあげてしまったらしい。それで、秘密結社のベテランおばさんたちに、えらく怒《おこ》られた。

「ちゃんと里親のことも調べてからあげないとダメよ!」

それ以来そのおばさんも本格的に目覚めてしまって、今はけっこうがんばっているらしい。

僕も、もらい手が不足していて、本当に困《こま》ったときは、ラジオなんかでチラッと話したりする。そうすると、ファンの人たちから、すごい反応が来る。うれしいのは、ただ僕の猫だから欲しいっていうのではなくて、みんな僕の考え方とかをわかってくれていて、

「うちではこの間飼《か》ってた猫が死んじゃって、家族がみんな悲しみに暮れてます。そのとき、坂崎さんの里親の話を聞いて、ぜひうちにと思ってFAXしました。うちは、父母、妹と一緒に住んでいますので、猫の面倒《めんどう》はみんなで見られます。絶対に外飼いにはしません」

というようなFAXをちゃんと送ってくれる人が多いことだ。そういう人には、僕がちゃんと名前をつけて、里子に出してあげることにしている。

ペットショップをたまにのぞくと、1匹何十万円もする、ブランド猫が小さなケージに入れられて売られてる。それを見るたびに、ノラの方が個性があってカワイイぞォって思ってしまうのだ。

1匹飼う余裕《よゆう》があるんだったら、みんなノラ猫をもらってくれればいいのに……。何十万円が、エサ代にあてられますよォ!!

9　エサの調達《ちょうたつ》もひと苦労

僕らの秘密結社《ひみつけっしゃ》が日夜密《ひそ》やかに推進《すいしん》している〝ノラ猫撲滅運動《ねこぼくめつうんどう》〟は、大まかにいうと、「ノラ猫が何匹いるかを確認する」→「ノラ猫を捕獲《ほかく》して避妊《ひにん》・去勢手術《きょせいしゅじゅつ》をする」→「ノラ猫を元の場所に戻《もど》してエサを毎日やる」という流れになる。もちろん、病気で外にいられないとか、余命《よめい》いくばくもない猫を自分の家で飼《か》うとか、里子を探すといったオプションもつく。

そんな活動内容の中でも、「エサを毎日やる」というのは、地味ながらけっこう大変な仕事だ。

エサは、家猫と同じように、猫用のカリカリとキャットフードの缶詰。それを、その地域で確認したノラ猫の数分だけ、きっちりと毎日やる。あんまりたくさんやりすぎると、残ったエサにカラスが寄ってくるので、ちょうど全員に行き渡る感じか、ちょっと足りないくらいがいい。このあたりの加減《かげん》がいちばん難しいのだ。そのためにも、自分がエサをやってる地区に、何匹のノラ猫がいるかという調査《ちょうさ》は、とても重要なわけだ。

後は、秘密結社のおばさんたち得意の情報網《じょうほうもう》を駆使《くし》して、こっちのイトーヨーカ堂でペットフードの安売りをしているわよと聞けば、みんなでドドッと押しかけ、あっちの西友でひとり何箱限定でセールがあるわよと小耳にはさめば、知り合いのおばさんまで集めて、朝から並ぶ。そのへんのパワーは、さすがおばさん、かなわない。

僕も、ペットフード屋は何軒か常にチェックしていて、安売りのチラシが入っていると、さっそく買いに行ったり、おばさん連絡網《れんらくもう》に連絡したり。

郊外にある大型スーパーでは、箱単位で安く大量に買えるところがあったりする。岡山には、何箱買っても、送料が一律７００円というところがあって、そこは大いに利用させてもらっている。安売りのときは、ドーン！　と何十箱もまとめ買いする。そんなに高級なキャットフードはやれないが、そこそこのエサはちゃんとやってるつもりだ。

大量に仕入れたときは、秘密結社全員で分けても、うちのマンションは、ベランダから玄関から、缶詰の箱とカリカリの袋だらけ。ホント、倉庫をひとつ借りたいくらいだ。

ノラ猫には、なるべくマグネシウムの少ないカリカリがいい。これも、〝猫先生〟に教わったのだが、猫はすぐに尿道結石《にょうどうけっせき》になってしまうからだ。特にオスはなりやすい。頻尿《ひんにょう》になって、いつも尻尾を上げてピューッとおしっこをやってるつもりなのだが、よく見ると出ていない。薄いピンク色の血尿《けつにょう》が、チョロッと出るだけ。完全に尿道が結石で詰まってしまっているのだ。もちろん、すごく痛い。

うちにいるデブのカースケも、よく尿道結石《にようどうけつせき》になる。だから、血尿《けつによう》になると、すぐに〝猫先生〟のところに連れて行く。チンチンに管を突っ込まれて、液体の薬を入れられて……いったーい、何すんのォー!!

管を抜いてオシッコをさせると、最初はビックリするくらい真っ白いものが出てくる。それを受け皿で採《と》って見ると、石灰質のものが沈澱《ちんでん》してるのがよくわかる。これが、詰まっていた結石だ。黒板用のチョークの粉みたいな感じ。こんなのが詰まっていたんじゃ、オシッコも出ねえよなあ!　と、納得する。白いオシッコが出なくなったら、最後に抗生物質《こうせいぶつしつ》を飲ませておしまい!

猫の尿道はとても細いので、人間の結石みたいに、コロン!　と石が出るのではなく、尿道の周りにこびりついているんですね、これが。何も言わないけど、そうとう不快だろうなあ。

ノラ猫の場合は、家猫のように、しょっちゅうオシッコの具合まで見てやれない。だから、最初から結石にならないようなエサを選んであげるのがいちばんいい。「エサやりおばさん」

と秘密結社《ひみつけっしゃ》のおばさんたちは、毎回エサをやりに行っても、普通の人みたいに、

「〇〇ちゃん、おいで、おいで〜！」

なんて、猫をかまったりすることはほとんどしない。いつものところにポンと置いて、サッと帰って来る。何時間かしてまた見に行って、ちゃんと食べてるのを確認したり、残したものは片付ける。そこはすごくドライ。ある意味では、プロフェッショナル！

僕は仕事の都合で毎日はエサをやりに行けないけれど、たまたま僕の友達が、秘密結社の人たちが、ノラ猫にエサをやりに行くのについて行きたいと言うので、車で一緒に行ったことがあった。

町内に、だいたい5〜6ヵ所ノラ猫が集まる〝エサやりスポット〟があるのだが、もう、車のエンジンの音が聞こえただけで、5〜6匹のノラ猫がダーッと集まってくる。毎日来る車の音だから、猫もわかってるのだろう。車の周りに集まって来て、「エサくれ〜っ！ ニャロメ〜‼」と、催促《さいそく》している。

友達は、その一部始終に感動していた。

「1日1回のエサを、こんなに待ってる猫がいるんだ！ こんなにノラ猫っているんだな〜。

知らなかった」

そして、ガツガツエサを食べてる猫たちを見て、いつもはそんなこと言わない奴なのに、ポツンと言っていた。「1日1回の食事か。ツライよな……」

10 都会の猫伝説

僕は今、都内の住宅街のマンション暮らしだ。ちょっと前までは、周りに本当にたくさんのノラ猫がいた。自分の家で飼《か》っていた猫が子供を産んでしまい、もらい手がいないからと、箱に入れて捨てちゃったり、何かの都合で飼えなくなった猫が、捨てられたり、置き去りにされて、みんなノラ猫になってしまっているわけだ。

当然、「エサやりおばさん」のグループもいて、引っ越してきたばかりの頃、僕がいちばん最初にやったのは、そんなおばさんたちと、コミュニケーションを取ることだった。

「このへん、ノラ猫多いですね」

「毎日、エサやってるんですか？」

僕はなるべく警戒《けいかい》されないように、一生懸命《いっしょうけんめい》笑顔で、そういうおばさんたちに話しかけることにしてる。最初は、

「何よ、この人！」

という目で、ひと言ふた言しか答えてくれないおばさんたちも、僕も猫を飼ってることや、猫の病気のことなどを話すと、だんだんいろいろなことを教えてくれるようになる。もともとおばさんたちは、話好きなのだから。

そんな「エサやりおばさん」を通して秘密結社《ひみつけっしゃ》を知ったり、〝猫先生〟と仲良くなったりしているのだから、ご近所付き合いは大切にした方がいい。

最初の頃、その「エサやりおばさん」が、面白い話をしてくれた。

「坂崎さん、あんた知ってる？　このへんには、ノラ猫の伝説があるんだよ。これ本当の話なんだから」

そう言って話してくれたのが『5匹猫の伝説』。それから、僕が引っ越してきた後に起きて、僕も実際に見ている伝説が2つ増えて、今では〝3つのノラ猫伝説〟といって、近所じゃ知らない人がいない（？）というくらいの、有名な言い伝えになっている。

どれも、誰かが作った話なんかではなく、ちゃんとした実話。僕が写真を撮ったものもあるから、間違いない。きっと、他の街にも、同じような伝説があるんだろうな。かわいそうな都会の猫伝説が……。

『5匹猫の伝説』

これは、僕がその街に引っ越してくる直前にあった事件らしい。

僕のマンションから歩いてすぐのところに遊歩道《ゆうほどう》がある。あるときそこに、五つ子の子猫が産み落とされていた。あんまりかわいいいので、「エサやりおばさん」や、その遊歩道を通る人たちが、ミルクをあげたりして、しばらくみんなでかわいがっていたらしい。いつも5匹一緒に遊んでいて、本当に仲がいい兄弟だった。親猫もいたはずなのだが、全然姿を現さない。結局、「エサやりおばさん」グループと、そういう通りかかった人が育ててたようなもんだった。

しかし、そういうのが大っ嫌《きら》いなおばさん（おじさんかもしれないが）も、世の中にたくさんいるのだ。そういう人たちは、もうノラ猫を目の敵《かたき》にしている。

ある日「エサやりおばさん」のひとりが、いつものように遊歩道にエサをやりに行ったら、その5匹の兄弟猫が、除草剤《じょそうざい》入りのミルクを飲んで、5匹重なるようにして死んでいたそうだ。

本当に、ひどいことをする人がいるもんだ。

あんまりかわいそうなので、「エサやりおばさん」グループを中心とした、5匹猫をかわいがっていた人たちで、5匹一緒に、その遊歩道に埋めてあげた。

それからしばらくたったある日のこと、「エサやりおばさん」のひとりが、すごいものを見つけてしまったのだ。

その遊歩道の横は小学校の壁になっているのだが、その壁に、なんと5匹の猫のシルエットが浮かび上がっていたのだ（何か効果音を自分で入れてください）。

僕は直接見たわけじゃないが、誰が見ても、それは5匹の猫に見えたらしい。残念ながら、その後すぐに、壁の外装工事があって、その影は見えなくなってしまったという話。でも、おばさんたちは、

「きっと5匹揃《そろ》って天国で仲良く暮らしてるんだろうね」

と、しみじみ語っていた。

『切り株くん伝説』

これも、同じ遊歩道《ゆうほどう》での話。

僕も一時、「エサやりおばさん」の影響で、遊歩道のノラ猫たちにエサをあげている時期があった。僕の担当は「モモ」と「クロ」という猫で（おばさんたちの仕切りで、なんとなく分担が決まる）、いつも遊歩道の入り口あたりに集まってきていた。

あるとき、いつものようにモモとクロにエサをやって帰ろうとすると、遊歩道の脇《わき》の植え込みのところに、猫がもう1匹見えた。

「あっ、ここにもいたのか、新人かな？」

僕はそいつにもエサをやろうと思って近寄ったら、なんとそれは猫じゃなくて、高さ15㎝ぐらいの白樺《しらかば》の木の切り株だった。ちょうど切った切り口の木目の柄が、猫の顔にそっくりで、薄暗くなった夕方なんかに見ると、誰が見ても猫に見える。僕以外にも、エサをやろうとしたり、手を出したりして

「あれっ⁉」

なんて言ってる人をたくさん見た。

きっと、このあたりでイジメられたり、不幸な死に方をした猫が、そういう形になって出てきたのではないかと思う。それも、だんだん日がたつに連れて、普通の切り株になって、今は誰も見向きもしなくなった。やっと天国に行けたんだね。

『壁猫伝説』

これは、遊歩道の横にある小学校の門のところの話。

小学校の門の壁が、ちょっと古くなって、表面がはがれて落ちている。そのはがれた部分が、ちょうど猫の形なのだ。ボロッと落ちて白くなっているから、白猫。小学生がいたずらして目とか鼻を描いてるから、これはわかりやすい。

もちろんそんなのは偶然だろうと思う人もいるだろうが、僕はきっと、この遊歩道の猫が、何かを僕たちに言いたくて、そういう形で出てきたのではないかと思ってしまう。

同じ猫なのに、家で飼《か》われている猫は、冬は暖かく、夏は涼しく、寝るところもエサも、なんの不自由もないのに、オレたちノラ猫はこのザマだ。もしも生まれ変われるならば、今度は金持ちの家のアメリカンショートヘアかアビシニアンか……なあ。

都会の猫伝説は、ちょっとミステリアスで、かわいくて、とっても悲しい……。

11 サクラの妊娠《にんしん》

サクラは、本当に色っぽい猫だった。

三毛の毛並みもすっごくきれいで、歩き方とかしなしなした身のこなしが、とにかく女っぽい。人間の僕から見ても、こりゃあさぞかし男にもてんだろうなあって感じ。そのくせ、人間に全然なつかない。僕がちょっと手を伸《の》ばして捕《つか》まえようとすると、

〝人間なんて相手にしないわよ～〟

みたいな感じで、すぐに逃げてしまう。そういえば、人間にもそういう女の子がいたようないないような……。

ベランダ伝いに勝手《かって》に隣の家に行っちゃったり、好き勝手し放題。僕の家で飼《か》ってるとはいっても、結局家ん中でノラをやっていたようなもんだった。

そんなサクラが、あるときちょっと太り始めた。おまけに、それまであんまり僕の目のつくところにはいなかったのに、お風呂場の隅っこにちょこちょこ行くようになったりして、ちょっと素行が怪《あや》しい。

メス猫の素行がいつもと変わってきたら、最初に考えられるのが……妊娠《にんしん》。

でも、まさかなあ！

うちで飼っている猫たちは、全員避妊《ひにん》・去勢《きょせい》の手術をしてあるので、うちで子供が産まれることはあり得ない。ただ、サクラだけは、何年たってもノラ猫根性のままでつかませてくれない猫だったから、避妊手術は施《ほどこ》してなかった。それでも、オス猫はみんな去勢してあるのだから、大丈夫だろう、絶対妊娠はしないだろうと、そんなに心配はしていなかったのだ。

でも、日に日に大きくなるお腹《なか》は、どう考えても便秘じゃなさそうだ。

じゃあ、いったい誰がサクラを妊娠させたんだ……？

ま、まさかなあ……と思った。

そういえば、1匹だけいたのだ、まだ去勢していない子猫が。

僕が疑惑《ぎわく》の眼差しでチラッと見ると、「ウゲーッ！」っと鳴《な》くブタ声のオス猫、その名はカースケ。こいつは、うちに来てまだちょっとしかたっていない新人猫だったのだが、小さいときから、すげえデカイ、ライオンみたいな猫だった。連れてきたときから、ケージの金属でできた柵《さく》の部分を、ガジガジ噛《か》んでるような乱暴者《らんぼうもの》で、当時はまだ3ヵ月ぐらい。でも見た目は、すでに大人の猫みたいにデカかった。

オス猫の場合、だいたい5～6ヵ月目で去勢の手術をするのが普通だ。だけど、こいつは普通よりデカイから、ちょっと早いけど、そろそろ去勢《きょせい》しなきゃいけないかなあ……と思ってた矢先のまさかのサクラの妊娠《にんしん》！

3ヵ月といえば、人間でいうと10歳くらいの子供、小学生だ。まさかカースケが……いや、いくらなんでもそんなこたあないだろう。でも、じゃあいったい誰の子なんだ？　謎《なぞ》は解けないまま、当然のごとくサクラのお腹《なか》はどんどん臨月《りんげつ》に近づいていく……。

本来あってはいけない〝ノラ猫〟という不幸な存在をなくすために、僕のうちに来たノラ猫は、みんな自分の人生（猫生）を全《まっと》うしたら、それで終わり。次の代を絶対に作らない。行き場のない子猫や、惨《みじ》めな死に方をするノラ猫を増やさないために、僕はそう決めている。だから、サクラが妊娠したときは、どうしようかと悩んだ。真剣に中絶《ちゅうぜつ》させるということも考えたりしたが、人道的にちょっとそれはキツかった。情けが勝ってしまったのだ。

結局、そのとき僕は覚悟《かくご》を決めた。

今回だけは、サクラの子だけは、うちで産まそう！　産まれた子猫は、僕がちゃんとした引き取り手を探して、里子に出そうと。サクラは人間になつかない猫だったけれど、これをきっかけになつくようになるかもしれない……そんな思いも少しだけあった。

さっそく僕は、サクラがお気に入りの風呂場の片隅にケージを置いて、そこを巣にしてやった。たぶん坂崎家での最初で最後の出産だから、なるたけ居心地《いごこち》のいい環境《かんきょう》を作ってやろうと思ったわけだ。サクラも、そこが気に入ったのか、安心した顔で巣に行くようになった。そして数ヵ月が過ぎ、子猫は4匹産まれた。誰が見てもカースケにそっくりなヤツ。やっぱりかあ！

サクラにとってはもちろん初産だ。そのせいか、3匹まではスルッと産まれたのだが、4匹目がなかなか出てこなくて、最初の3匹が出てから、かなり時間がたって、やっと産まれた。もう、体も冷えきってしまってて、ぐったりしている。それでも、元気にサクラのオッパイを飲んでる先に産まれた3匹のところに、自分もヨタヨタしながらも行こうとしていた。

そしたら、なんとサクラがその1匹を後ろ足で蹴《け》って、近寄らせないのだ。オッパイを飲ませようとしない。完全に見捨てているのがわかる。最初にハンディを負《お》ってきた子猫は、生き残れないだろうという自然淘汰《しぜんとうた》の本能っていうのだろうか。

「おいおい、待てよォ、サクラよー。面倒《めんどう》見ろっつうの‼」

僕はオロオロしつつも、感動していた。こいつら、スッゲーなあと思った。優しさと厳《きび》しさを持ち合わせた母性本能……。

こら!! 感動してる場合じゃないだろ、うちでせっかく産まれたのに、そのまま見捨てるわけにはいかないのだ。

普通、産まれたばかりの子は、母親が体を全部なめてきれいにしてあげるのだが、もちろんその1匹はなめてももらえない。仕方がないので、僕が温《ぬる》めの初湯に浸《つ》けて洗ってやり、毛をきれいにしてから乾かしてやった。そして、そーっとサクラのオッパイのところに置いたら、他の3匹と一緒に元気に飲み始めた。体があたたまっていたからサクラも、もう蹴《け》るようなことはしなかった。助かった!

それが、今もうちにいる小梅だ。

このとき産まれた4匹のうち、2匹はもらい手がついて里子に出て行った。残った2匹がこの小梅と、オスの松吉《まつきち》。

この兄妹は、ベッタベタに仲がいい。もう7歳ぐらいになるから、人間でいえば、いいオジサンとオバサンのはずだが、今でもいつも一緒にくっついている。やっぱり兄妹なんだなあと思う。

小梅と松吉……坂崎家で産まれた唯一の子猫。僕が写真を撮るときは、いつも2匹くっついて、ジーッとこっちを見ている。

そう、カースケと同じ目で……。

小梅・松吉

12

カースケ危機一髪《ききいつぱつ》!

カースケはうちの猫の中でも、そうとう名物だ。

まず、そのデブさ加減《かげん》が、かなり特殊《とくしゅ》。手を組んでお尻のところを持って抱えてみると、ちょうど顔が僕の目の前に来る。なんだか重たい枕を抱いてるみたいな錯覚《さっかく》におちいる。顔もデカイ。現在体重10kg！　いちばん多いときは11kgちょっとあった。

何しろ、子猫の頃からデブだったので、どんなにダイエットしても、落ちない。生まれつきのデブだ。みんなと同じ量のエサしか食わなくても、たぶんこうなってしまう体質なんだと思う。

手の大きさなんて、そりゃあスゴイ。思いっきりデカイ。フミフミなんかさせると、そりゃあ豪快《ごうかい》。僕が人指し指を肉球《にくきゅう》に当ててやると、ウンギャ！　ウンギャ！　という感じで開いたり閉じたり。フンミ、フンミ。これがまたイッテー、イテエ！　爪がちゃんと切ってあるときはまだいいが、うっかり切ってないときにやろうもんなら、爪がグッと指に刺さってくる。そのぐらい豪快なヤツ。

でも、性格《せいかく》はすごく甘えんぼだ。

甘えんぼのくせに、甘えの表現が下手でもある。顔やノドをなぜるとすぐノドをゴロゴロ鳴《な》らすんだけど、3秒後にはもう僕の手を噛《か》んでる。また、痛いんだ、その噛み方が！　でも、それがあいつの甘えの表現なのはわかってる。だから、それに付き合わされるのは覚悟《かくご》の上。でも、痛い。血が出るくらいだ。顎《あご》の力も爪の力もスゴイスゴイ。だから「〝力〟ースケ」っていう名前つけたくらいだから。

ちゃんと猫らしく「ニャ〜」と鳴くこともたまにあるが、ほとんどはブタ声だ。息が荒いから「ンゴッ！　ンゴッ！」と鼻が鳴って、ブタみたいな鳴き方になってしまう。うれしかったり、気持ち良かったりすると「ンゴッ！　ンゴッ！」。見てて苦しそうだけど、カワイイ。

このカースケが、この間、危機一髪《ききいっぱつ》だった。たかが耳のケガで死ぬ寸前！

人間もそうだが、耳は軟骨《なんこつ》でできていて、それを皮膚《ひふ》が覆《おお》ってる。それが、例えば相撲取《すもうと》りとかプロレスラーの様な格闘技系《かくとうぎけい》の選手になると、耳を強打されたりして軟骨から皮がはがれ、その間に内出血してしまう場合があるんだそうだ。そういえば、プロレスラーで耳が変形したり、なくなってしまってる人をよく見る。あれは、そのケガが原因らしい。そこを手術したり、血を採ったりして治療《ちりょう》すると、あんなふうになってしまうのだ。

カースケが、それになってしまった。お前はプロレスラーかよ！　おそらく自分の後ろ足で耳のところをけっけしていて（かいていて）、力がありすぎて皮がはがれてしまったのではないかと思う。

最初は僕もよくわからなかった。なんだか知らないけど、知らない間に、カースケの耳のところが、まるで豆が中に入っているみたいに、プクッとふくらんでいるのだ。ちょっとヤバそうだなあと思って、すぐに病院に連れて行くと、

「あっ、これは耳の軟骨《なんこつ》から表の皮がはがれちゃってますね」

と、先生に言われた。それで内出血してプクッとふくらんでしまってるらしい。犬ではたまにあるのだが、猫ではまずないって。あーはずかしい。

治療《ちりょう》としては、いちばん簡単《かんたん》なのが、注射器でたまった血を抜く方法。でも、まだ内出血は続いているので、少しするとまたたまってしまう。ちゃんと治すには、手術して縫《ぬ》って、軟骨と皮をくっつけてしまえばいいという話だった。

それじゃあ、手術しましょうかということになった。

だけど、僕にはひとつだけ心配なことがあった。何しろ生まれつきのデブだから、常日頃

からかなり心臓に負担がかかってるに違いない。そこに手術というと、当然全《ぜん》身《しん》麻《ま》酔《すい》をしなければいけないわけで、ますます心臓に負担がかかる。はたしてカースケの心臓が麻酔に耐えられるか？

「先生、こいつ心臓弱いけど、麻酔は大丈夫ですかねえ？」

「そうねえ、ちょっと心配ですねえ。でも毎日通うよりいいかしら」

〝猫先生〟も、ちょっと不安気だった。

手術以外の方法としては、定期的に病院に来て、たまった血を注射器で抜いてもらうというのも考えられるが、カースケは実は、体がデカイくせしてすごく気が弱いのだ。病院に行くだけで、ビビッて息が「ンゴッ！　ンゴッ！」になってしまうほどだ。この日も、すでに心臓バクバクの鼻息だった。こっちも、考え様によっては、心臓にかなり悪いし、ストレスがたまる。それだったら、逆に手術で一度で治してしまった方が楽かもしれない。

「じゃあ、手術にしましょうか」ふたりの意見が一致した。

というわけで、さっそく手術することになった。

耳の手術自体はそんなに大変なものではないので、その日のうちに家に連れて帰れる。ただ、まだ麻酔《ますい》が半分かかった状態なので、多少ボケッとしてるのはしょうがない。

半日もすればだんだん麻酔も醒《さ》めて、意識がハッキリしてくるだろう。僕も、猫の手術は何度も経験しているので、そのくらいのことはわかっていた。カースケも、そのうち意識が戻《もど》って、「ンゴッ！　ンゴッ！」といつもの調子で甘えてくるだろうと思い、僕はそのまま意識が戻るまで放っておくことにした。

カースケの様子がおかしくなったのは、それからしばらくしてだった。

ベッドの下から「ハアハア！　ハアハア！」と、荒い息が聞こえてきたのだ。

「あれっ、こりゃヤベえ！」

見ると、カースケが酸欠《さんけつ》で、息も絶え絶えでハアハアいっている。麻酔というのは、正常な血液が全身に行き届《とど》くことによって、だんだんと醒めていくものなのだが、カースケみたいなデブ猫の場合は、心臓の割に体がデカイので、心臓ががんばってポンプの役割をして血液を送っても、それが全身になかなか行き渡らない。酸素が体のすみずみまで行き渡らないから、ひどいときは酸欠になってしまうわけだ。

僕はあわてて、先生に電話した。

ところが、この日に限って、獣医師会かどこかのパーティに行ってるとかで、〝猫先生〟が留守だったのだ。

こりゃあ、大変だ！

「実は、さっきのカースケなんですけど、やっぱ麻酔がヤバイらしいんです！」他の先生に説明して、必死で〝猫先生〟を探してもらった。

僕がいつも行ってる病院の通称〝猫先生〟は、僕に、ノラ猫の病気のことや、治療《ちりよう》に関することを教えてくれる、とても信頼できる人だ。病気のノラ猫を持って行っても、何万円もする猫と同じように診《み》てくれる先生で、僕の猫の飼《か》い方の基本には、この先生の影響がすごく大きい。

そのぐらいの先生だから、噂が伝わったのか、最近患者が多くなり、本当に大忙し。おかげで、普段は化粧どころじゃないという感じで、全く化粧っ気のない顔で朝から晩まで髪を振《ふ》り乱して猫を診ている。この日は久々にお化粧をして、お洒落な服を着て、張り切ってパーティに行ってたらしい。

そしたら、この騒ぎ。先生も運が悪い。

それでも僕の話を聞くと、

「あっ、すぐ戻《もど》ります！」

と、さっそく戻って来てくれて、ちょっとその場に不自然な化粧のまま、これまた不自然なワンピースに白衣を羽織《はお》って、カースケを診《み》てくれた。

「ああ、やっぱり酸素が行き渡ってないわ」

結局、麻酔《ますい》自体は醒《さ》めているのだが、僕が思ったとおり、酸素が全身に行き渡っていなかったらしいのだ。それもこの太りすぎのせいなのだが、今は、そんなことを言ってる場合ではない。

さっそく先生のところにある「酸素室」に入れておくことになった。酸素室というのは、酸素ボンベから定期的に酸素が入るようになっているケージのことで、そこに入れれば、全身から酸素を取り入れることができるわけだ。

酸素室に入れてしばらくすると、なんとか呼吸は戻ってきた。

「先生、大丈夫ですかね？」

「まあ、今夜がヤマでしょう。持ち直してくれればなんとか……」

そうは言ったものの、先生は正直だから、かなり不安そうな顔をしている。カースケの目はまだうつろで、体もグッタリしてる。もしかしたら、手遅れだったのかもしれない。僕は、ひょっとするともうダメかもしれないなあと、半分諦《あきら》めかけていた。名物のデブがいつかアダになるのも、わかっていた。

それが、翌日行ってみると、目がシャキッとしているじゃないか。やっと生き返ってきたという感じだ。試しに、僕が人指し指をそっと出したら「ンゴッ！」とひと声鳴《な》いた。ああ、この声が出ればもう大丈夫だあ！　やっと安心できた。ホント、助かってよかった！

ホッとしてから初めて気がついたのだが、たった2日しかたっていないのに、なんだかカースケがやせて見える。気のせいかと思って量ってみたら、9kg弱に落ちていた。一気に減《げん》量《りょう》。ちょっと過激《かげき》なダイエットだったけど。

よかったな、カースケ！

あれから3ヵ月たつが、カースケはすっかり元気になり、相変わらず僕のベッドの上で「ンゴッ！　ンゴッ！」いっている。体重はちょっと戻って9kgちょい。ただ、耳の手術のときの糸が何十本もぶら下がったままで、見た目がかなりみっともない。おまけに、手術していない方の耳はピーンと立ってるのに、こっちは折れ曲がったまま。

危機《きき》一髪《いっぱつ》の死の淵《ふち》から見事生還《せいかん》した割には、なんだかすごく情けないことになってるのが、いかにもカースケらしくて、思わず笑ってしまう僕だった。

カースケ

13

京子の災難《さいなん》

いつものように車を、駐車場の自分のスペースに止めようと、ハンドルを切ったときだった。ライトの先に、一瞬《いっしゅん》何かが動くのが見えた気がした。

「ん?」

あわてて車を止めてよく見ると、小っちゃな小っちゃな子猫が1匹。僕は車を降りてそのチビ猫に近づいた。チビ猫は、僕と目が合ったとたん、

「ミャ〜!」

と、カワイイ声でひと声鳴《な》いた。

きっと、誰かが捨てて行ったんだろう。車を止め直し荷物を持って降りると、そのチビ猫は、チョコチョコと僕の後をついて来た。

「あれ? お前、来るのかい?」

これが、京子との出会い。今から15年も昔の話だ。

京子は、僕が家猫(外に出さずに、家の中だけで飼《か》っている猫)として飼った、初めての猫だ。それまでに、ヨネマル、そして、テリーという名前の猫を飼ったことがあったけれど、どちらも外飼い(勝手《かって》に外と家を行き来できる飼い方)だったので、車にひかれてしまった

り、いつの間にかいなくなってしまったり。だから、今度の京子は外に出さず家の中だけで飼おうと思った。

ただ、何しろいちばん忙しい時期だったので、ちゃんと面倒《めんどう》を見てやれなかったのは確かだ。エサをポーンとやって出かけて、夜まで仕事で帰れない。その間、京子は独りぼっちだった。たぶん、そうとう寂しかったと思う。猫はマイペースで単独行動型というけれど、子猫のときは、やっぱり何匹か遊び相手がいた方がいいに決まってる。

子猫の時期に寂しい思いをさせすぎたせいか、京子はちょっと歪《ゆが》んだ性格《せいかく》に育ってしまった。二重人格というか、気まぐれというか、突然《とつぜん》性格が変貌《へんぼう》するのだ。ノドなんかなでて、ゴロゴロとご機嫌《きげん》だなあと思っていると、突然わけもなく怒《おこ》り出して、噛《か》んだり後ろ足で猫キックをしたりする。

「おーっと、始まったよ」こうなったら、しばらくはだめだ。

このムラッ気は、ずっと治らなかった。

そんな京子が、あるときから、やたらと吐《は》くようになった。猫というのは、もともと毛玉がお腹《なか》にたまったりして、よく吐くもんだ。あっちこっちで「ゲッ」なんてやってるから、知らないと驚くが、これはそんなに心配いらない。ただ、吐《は》き方によっては病気が原因の場合もあるので、そのへんは飼《か》い主《ぬし》がちゃんと見ててやらないといけない。

京子の吐き方は、かなり激《はげ》しかった。食べちゃあ吐きが続き、1ヵ月ぐらいの間にどんどんやせてきて、気がついたら体重が半分ぐらいに減《へ》ってしまっている。最初は毛玉だと思って、病院に連れて行って、毛玉を吐かせる薬を飲ませたりしてみたが、全然毛玉は吐かなかった。

「おかしいですねえ」

「そうなんですよ。食べたもんは全部吐いちゃうし、どんどんやせてきてるから、絶対におかしいんですけど」

「じゃあ、レントゲン撮ってみましょう」

さっそくレントゲンを撮ってみた。だけど、何も映ってない。

「おかしいですねえ？　なんだろう？」

もう一度レントゲンを撮ってみる。

そしたら、腸《ちょう》のところにほんのちょっと、それこそ1㎝あるかないかの影が見えた。それも、ハッキリと影になってるわけではなくて、濃《こ》い部分からだんだん薄くなってる感じのヤツだ。

何かが腸に詰まってるらしいのは確かだ。さっそくお腹《なか》を切って手術。

さて、京子の腸に何が詰まっていたのか？

先生も驚いてたけど、先生が冷蔵庫から
「坂崎さん、原因はこれでした」

と、出してきたものを見たときは、僕もさすがにビックリしてしまった。

その物体は、なんと70㎝ぐらいの長さのゴムヒモだったのだ。洋服に使ったりするヤツ。たぶんそれが家の部屋の中に落ちていて、京子が独りぼっちの寂しさからか、遊び道具にしているうちに、飲み込んでしまったらしいのだ。猫は、ビニールでもなんでも口に入れてしまうから、危険なのだ。教訓!!

しかし、70㎝というのはスゴイ。そんな長いもの、いっぺんに飲み込めるものなんだろうか？　先生の説明はこうだった。

噛《か》んだりして遊んでいるはずみで、ゴムヒモの先を京子が飲み込む。もちろん、全部一度じゃなくて、まだ数十cmは口から出てる。あわててゲッと吐《は》く京子。普通だったら、それで出るのだけれど、モノが悪かった。ゴムヒモだから、吐いても伸《の》びるだけで、出ないわけだ。ちょこっと出ても、またビヨ〜ンと戻《もど》ってしまう。それを繰り返しているうちに、どんどん胃に入って、腸《ちょう》まで行ってしまう。

腸まで行けば、ウンコとして出そうなもんだ。しかし、これがまたゴムヒモだったばっかりに、先っぽが出ても、全部出きる前に、ビヨ〜ンと戻ってしまう。腸の中でゴムヒモが伸びたりちぢんだり……。

ゴムヒモみたいに細いものがレントゲンに映ったのは、1ヵ月の間に、そのゴムの周りが石灰質になって、ガリガリになっていたからだそうだ。僕が見たときも、ゴムの周りには石灰岩みたいなものがいっぱい付着していて、まるで数珠《じゅず》のようだった。おいおいお葬式《そうしき》じゃないんだから。

「私も、こんなのは初めて見ました」

先生もびっくり。それこそ京子のお葬式になるところだったのだ。

京子

14 アキラ、ごめんな！

猫には三大不治《ふじ》の病《やまい》がある。「猫白血病《はっけつびょう》」「猫エイズ」そして「伝染性腹膜炎《でんせんせいふくまくえん》」。外飼《が》いの猫も含めて、ノラ猫の４割は、そのどれかにかかってると聞いた。親からもらって、産まれたときからもってるヤツもいるけれど、ケンカや交尾でうつる場合も多い。

どの病気も、必ず発病するわけではなくて、あるとき突然《とつぜん》発病したり、結局発病しないで終わったり、そのへんはいろいろで、その原因などもあまりわかっていないらしい。病院で血液検査をすれば、その３つの病気にかかっているかどうかすぐわかるので、僕のところに来た猫たちは、まず病院で検査してやることにしている。

もし病気にかかっているのがわかっても、避妊手術《ひにんしゅじゅつ》をしてあれば交尾することもないし、家の中で飼っている限り、そんなに噛《か》み合ったり、激《はげ》しいケンカはしないので、他の猫にうつることはあまりない。万全を期するなら、ケージに入れて、隔離《かくり》してやるとか、いろいろ対処法も考えられる。

アキラがうちに来たのは、今からちょうど10年ぐらい前だったと思う。

中野の方に用事があって、僕は青梅街道《おうめかいどう》を走っていた。ちょっと渋滞《じゅうたい》していたので、よし、抜け道だ！　と、いつも通る細い道に入ったとたん、小振りな猫がパッと飛び出して来た。

ハッとして車を止めたら、車の真ん前で立ち止まってじっとこっちを見ている。

「お前、危ないなあ、どうした?」

僕が声をかけると、ちょっと甘えた顔で首をかしげた。

「来るの?……じゃあ来いよ!」

なんか、そんな勢《いきお》いで拾《ひろ》ってしまった。

いつものようにすぐに病院に連れて行ったら、猫白血病のウイルスをもっていることがわかった。確か、産まれてまだ3~4ヵ月だったと思う。京子から始まって、その頃はもう何匹かうちの中に猫がいたのだが、アキラはすぐにみんなと仲良くなって、なんの問題もなく暮らし始めた。やたらとなつっこいヤツで、いつも甘えた目で僕のことを見るような、そんな猫だった。

それが、2ヵ月ぐらいたった頃、急にエサを食べなくなった。吐《は》いたり、食べなかったりが2週間ぐらい続いて、どうも様子が変だ。病院で診《み》てもらうと、案の定、白血病が発病してしまったのだった。

そうかあ、ついに発病しちゃったかあ……。

一応、覚悟《かくご》はしていたことだったが、何しろ初めてのこと。自分でもパニックになってるのがわかった。日に日に悪くなっていくアキラ。僕は決心した。病院に入院させよう……。家に置いておいても、僕はどうすることもできないが、病院だったら、症状《しょうじょう》に合わせて治療《ちりょう》してくれるだろうと思ったからだ。

病院に預けておけば安心だろう……そう思って、僕はアキラを預けて帰った。お医者さんも、

「とりあえず、病院で様子を見ましょう」

そんな感じだった。

「また、明日来るからな」

アキラは、ちょっと不安そうに僕をじっと見てたっけ。

そして、その晩、病院でアキラは死んだ。

あんまり突然《とつぜん》なんで、僕はすごいショックだった。そして、そのとき僕は初めて、白血病《はっけつびょう》の恐ろしさを知り、この病気を恨《うら》んだ。何しろ、それまでうちで飼《か》った猫が病気で死んだ経験がなかったから、僕はそんなにあっと言う間に死んでしまうなんて、夢にも思っていなかか

ったのだ。

病院の先生も、「もうダメですよ」とか、「今晩が山です」とか言ってくれればよかったのに、僕が猫のことをよく知らない初心者だったので、余計な心配はさせまいと、言わなかったのだろう。

病院を責めてもしょうがない。

でも、自分がそばにいなかっただけに、いろいろ考えてしまうのだ。

先生はちゃんと最期《さいご》まで診《み》てくれたんだろうか？　とか、苦しんだのかな？　とか……。

いずれにしても、アキラは、そばに仲間も僕もいないところで、たったひとりで死んでいったのだ。それを思うと、なんだか悲しみの持っていきようがなかった。自分の無知《むち》に腹が立った。こんなに悲しくてショックだったことは、生まれて初めてだった。

アキラの亡骸《なきがら》は、その頃住んでいたマンションの近くにある公園の遊歩道《ゆうほどう》の木の下に埋めてやった。穴を掘ってレンガを下に組んで、カリカリとか好きだったおもちゃを一緒にして。

その遊歩道のそばを通って、アキラを埋めたところの木を見るたびに、〝ああ、この下にアキラがいるんだなあ……〟なんてよく思ったものだ。一瞬《いっしゅん》だけど、〝掘り起こしちゃおうかな？〟なんて思ったり……。

春になって、その木につぼみが出てくると、〝あれはアキラのつぼみだろうなあ〟と、しばらく見つめていることもあった。いつまでも、いつまでも、僕はアキラのことが忘れられなかった。

それ以来、僕は、うちで飼《か》っている猫はその最期《さいご》の時間まで一緒にいてやろうと決心した。何かあったら、その時点で先生を呼ぶか、病院に連れていけばいい。僕自身も、もっと猫の病気のことを勉強しよう。それでもダメだとわかったら、もうそのままでいいから、最期まで僕が抱いててやろう。

今までに、僕の腕《うで》の中で、たくさんの猫が死んでいった。

歳をとってから病気になって死んでいく猫は、体も弱っているから、抱いてあげると、そのまま静かに眠るみたいに死んでいく。

悲惨《ひさん》なのは、アキラみたいに、若くて白血病《はっけつびょう》が発病した場合。猫白血病というのは、僕の経験からちょうど産まれて半年ぐらいがひとつの山場のようだ。そこで死んでしまう猫が、本当に多いのだ。

半年ぐらいの猫は、まだ体自体は元気だし、筋肉も心臓も丈夫だ。だから、ウイルスにおかされても、そんなにすぐには死ねない。痛くて、苦しくて、すごく暴《あば》れる。これは、本当に見ていてキツイ。苦しんで暴れるけど、僕は毛布にくるんで、ギュッと押さえてやることだけしかできない。真剣に安楽死《あんらくし》のことなんかを考えてしまう瞬間《しゅんかん》でもある。

でも、これがこいつの運命だったんだろうなあとか、僕のところに来て、こいつは幸せだったよなあとか、いろんなことを思う。たかが猫、それも元ノラ猫だけど、死ぬときには、いろんなことを僕に教えてくれる。

だから、最期の瞬間には、僕は必ず猫に言ってあげるのだ。

「また生まれ変わって、うちに来いよ!!」

そうすると、本当に生まれ変わってくるのだ!!

「もう来たか、少しは遠慮しろよな!!」

アキラも、その後、そっくりなヤツが現れた。名前は「2代目アキラ」。顔もそっくりだし、性格《せいかく》も似てる。本当に生まれ変わってきたんじゃないかなと思う。

それでも、今でもふとアキラのことは思い出してしまう。

初めて僕に、死の悲しみを教えてくれた猫。僕が何も知らなかったために、たったひとりで死んでいったアキラ。ごめんな……。

アキラ

15

猫エイズ3兄弟

エイタロー、キタロー、ナニタローの3兄弟は、ファミレスの駐車場に、段ボール箱に入って捨てられていた。目も開かないチイチイ猫ってほどではなかったけれど、ホントにまだ小さな子猫だった。たぶんもらい手も見つからなくて困《こま》った飼《か》い主《ぬし》が、

「いい人に拾《ひろ》ってもらえるといいねえ〜」

なんて、勝手なことを言って捨てて行ったのだろう。そういう身勝手《みがって》な飼い主のことを考えると、僕は本当に腹が立つ。そうやって捨てられた子猫たちは、ほとんどが病気になって、本当に悲惨《ひさん》な死に方をしてしまうのに……。

僕はその3匹を家に連れて帰って、3ヵ月ぐらいになってすぐに、病院で血液検査をしてもらった。猫の場合、だいたい体重が1kgぐらいになった2〜3ヵ月で、血液検査が受けられる。猫エイズや、猫白血病《はっけつびょう》のウイルスをもった猫は里子に勧《すす》めづらいので、必ず血液検査をすることにしているのだ。

残念ながら、結果は3匹とも陽性《ようせい》。猫エイズだった。

ただ、猫エイズといっても、必ずしも発病するとは限らない。それに、発病したときに早期発見で、免疫《めんえき》を高める治療《ちりょう》をするとか、いろいろ手を打てば、持ち直すこともあるのだ。

僕は3匹を自分の家で飼《か》って、ちゃんと様子を見ていてやることにした。

エイタロー(通称・エイちゃん)はエイズだから「エイタロー」と名付けた。3匹の中でも、いちばん人なつっこくて、性格《せいかく》も優しいし、人間にも甘える、どっちかっていうと犬みたいなヤツ。僕がいると、必ず膝《ひざ》のところに乗っかってくるし、エイちゃんの「エ……」と言っただけで、もうそばに来ている。いっつも僕のそばにいたので、ずいぶん僕の写真のモデルにもなってくれた。

ただ、やっぱり猫エイズがあったせいか、口の中が痛かったみたいだった。猫エイズのコは、免疫力《めんえきりょく》が弱いから、自分の口の中の細菌《さいきん》に対する抵抗力がない。そうすると、歯槽膿漏《しそうのうろう》や炎症《えんしょう》を起こしやすい。エイちゃんの歯茎《はぐき》は、いつも真っ赤だった。

口が痛いとエサもろくに食べられないので、1ヵ月に一度は免疫力を高める注射を先生のところで打ってもらっていた。でも、それ以外は、本当に普通の猫と同じに生活していたし、本当にカワイイヤツだった。

それが、1年くらいしたある日、なんか最近あんまり近くに寄ってこなくなったなあと思ったら、急に体が弱ってきたのだ。エサもあまり食べないし、下痢《げり》をすることが多くなった。

熱もある。最初は「風邪《かぜ》かな？」ぐらいの感じなのだが、エイちゃんはみるみる元気がなくなっていった。

「ついに来ちゃったなあ……」

猫エイズのコの最期《さいご》は何度も経験しているので、ずいぶん慣《な》れているつもりだけど、エイちゃんは本当になつっこい猫だったので、ちょっとつらかった。結局、エイちゃんは、内臓が全部ダメになっていて、弱り始めてから一週間程で、あっけなく天国へ行ってしまった。

不思議なもので、同じ病気をもっていても、性格《せいかく》がいいというか、慣れてるなつっこいヤツから先に、死んでいく。人間でもそうか。良い人は惜しまれて死んでゆくが、憎まれっこはいつまでも……。そして、これもまた不思議なのだけれど、1匹が死ぬと、次のコがなついてくる。おいおい順番待ちじゃないんだから。エイちゃんの次はキタロー（通称・キイちゃん）だった。

キイちゃんは赤猫なのだが、小さいときは黄色っぽかったんで「キタロー」。3匹の中ではいちばん小さかったし、気が弱い感じの猫だった。拾《ひろ》ってきた当時から、

「こいつは早死にだろうな」

と思っていた。だから、エイタローが死んだ後は、かわりにいつも僕の膝《ひざ》の上で甘えていたのに、続いて発病して、エイちゃんの後を追った。

いちばんなつかなかったのがナニタロー。3匹を拾ってきて、「エイタロー」「キタロー」と名前が決まって、もう1匹は何にしようっていうときに、

「こいつはナニ⁉ あっ、いいやナニタローで!」

みたいに、ちょっと安易《あんい》につけてしまったので、イジケちゃったのかもしれない。いつもビクビクしてて、あんまり僕に近寄れなかった猫だった。それでも、エイちゃんとキイちゃんが死んだら、この2匹の甘えっ子の性格がうつってしまって、今はもう、デブの甘えっ子猫。

ナニタローだけは、元気でまだ僕のうちにいる。

猫エイズは必ず発病するもんじゃないといういい例だ。同じ状況で捨てられた兄弟で、同じように猫エイズをもっていても、早くに発病して死んじゃうヤツもいれば、発病しないで、ちゃんと命を全《まっと》うできる猫もいるのだ。

だけど、この3兄弟だって、あのまま誰にも拾われないでノラ猫になっていたら、名前も

つけてもらえず（たとえそれがナニタローなんて名前でも）、誰にも呼んでもらえず、どこかでボロボロになってのたれ死んでしまっていたに違いない。たまたま僕に拾《ひろ》われたから……なんて、おこがましいけど、偶然とかで、命にこんな大きな差ができてしまうなんていうのは、なんだか腑《ふ》におちない。

性格《せいかく》だけでなく、体重まで死んだ2匹分を背負って生きてるデブのナニタローは、僕の膝《ひざ》の上で、今日もゴロゴロいってる。

ナニタロー！　エイちゃんとキイちゃんの分まで、長生きしろよ！

ナニタロー・キタロー

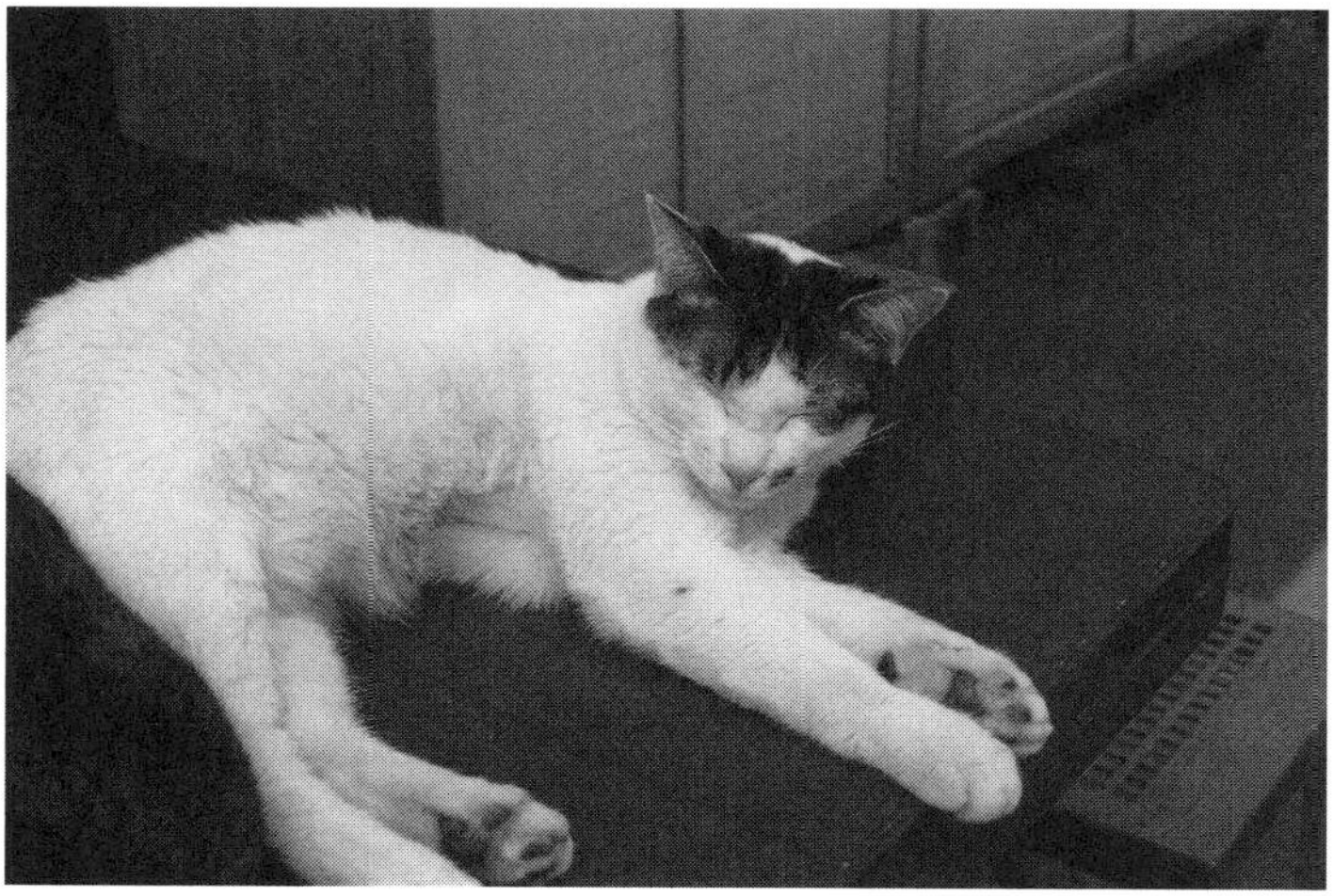

エイタロー

16

伝染性腹膜炎《でんせんせいふくまくえん》

猫エイズと猫白血病《はっけつびょう》と並んで、猫の3大難病といわれている病気に、伝染性腹膜炎《でんせんせいふくまくえん》というのがある。これは、エイズや白血病のように、陽性《ようせい》とか陰性《いんせい》というものではなく、何かの数《すう》値《ち》で判断《はんだん》する病気だ。

例えば、その数値が100ぐらいまでは、普通の猫なのだが、400以上になると「ちょっと気をつけてくださいね」というレベルだとか。その数値も、そのときによって変わるので、詳しいことや原因のわからない、ややこしい病気だ。

数値が高くても、平気でそのまま暮らしている猫もいれば、400ぐらいになったとたん、すぐに症状《しょうじょう》が表れてしまう猫もいて、すごく判断が難しいと、〝猫先生〟も困《こま》っている。

猫という動物は、外科的なダメージにはけっこう強くて、交通事故で片足がなかったり、ケガしたり、手術したりというのには意外に強い。だけど、こういう内科的ダメージは、言葉が通じないだけに、大変だ。

伝染性腹膜炎にかかると、たいてい肺に影ができるとか、肺炎《はいえん》になるとか、肺に水がたまるとか、そんな症状が出る。

元気なときに、70㎝という信じられない長さのゴムヒモを飲んで大騒ぎになった初代京子も、最期《さいご》はこの伝染性腹膜炎にかかって死んだ。

京子の場合は、肺に水がたまるやつで、これは早い話が、おぼれてしまっている状態なのだ。だから、治療法《ちりょうほう》としては、注射で肺にたまった水を抜くってのがある。そうすれば、その場は楽になる。

ただ、その水にもいろいろあって、サラサラの水だと、注射器で簡単《かんたん》に抜けるけれど、たちの悪い濃《こ》い水だと、ドロッとしてるのでなかなか注射で抜けない。京子のときは、たちの悪い方の水だった。

注射器で水が抜けないときは、薬でなんとかするしかない。薬というのは、利尿剤《りにょうざい》。利尿剤を飲ませて、体の水分を出させてしまうわけだ。そうすれば、もちろん肺にたまる前に出てしまうわけなのだが、他の水分もぜ~んぶ身体中から出てしまうので、今度はずーっとノドが乾いてる状態になってしまう。だけど、だからといって、水を飲ませるわけにもいかない。

これは見ていてとてもつらかった。

水を見ると、すごく飲みたがるのだけど、あんまり飲ませられない。ちょっとずつ、ちょっとずつなめさせるだけ。

京子の最期《さいご》の数日間は、ずっとそんな感じだった。それでも、だんだん弱っていって、結局僕の腕《うで》の中で死んでいった。それが彼女の運命だったとしても、やはり病気やウイルスは憎い。早く特効薬の開発を!!（自分で研究するか……）。

京子は僕が家で飼《か》い始めた、初めての猫だったから、思い出の多い猫だった。だから、彼女が死ぬときも、いつものように、

「また生まれ変わって、うちに来いよ!!」

と、声をかけてやった。だから、今僕のうちには、京子とそっくりの顔をした「2代目京子」がいる（だから早すぎるっつうの!!）。京子と同じで、気分にムラがあって怒《おこ》りんぼ。そこがまた僕にはうれしい。

駐車場の美人猫「ラミちゃん」も伝染性腹膜炎《でんせんせいふくまくえん》の数値《すうち》が、異常に高い猫だった。それこそ調べるときによっては、何万というときがあったのに、見た目はそこいらのノラよりもふっくらしてるし、元気だし、色っぽいし、まるっきり健康そのもの。

例のシラミのときに、血液検査をしなけりゃ、気づかなかったのだ。

人間でもそうだけど、健康が売りの奴よりも、ちょっと病気がちの方が、気をつけて気をつけて、意外と長生きするのかもしれない……。

京子

二代目京子

17

ノラ猫にもいろいろストーリーがあって……

ノラ猫の平均寿命《へいきんじゅみょう》はだいたい３〜４年といわれている。猫エイズや猫白血病《はっけつびょう》をもった猫がこれだけ多くなっている現状を考えれば、それは当然だろう。

だけど、そんな中でも、例えばその一帯のノラ猫のボスを張ってたりして、たくましく長生きしているヤツも、何匹かはいるものだ。ケンカで片目をやられたり、ものすごい傷があったりして、見るからにドラマチックな生き方をしてたようなボスノラを見ると、思わず聞いてみたくなる。

「おい、お前！　いったいどんな生き方してきたんだよ！」

猫が人間の言葉をしゃべれたら、絶対に僕はインタビューしてみたい。ノラ猫にこそ、毎日毎日いろんなストーリーがあるはずだから……。

昔、シロという、大デブの猫がいた。白猫だから〝シロ〟。わかりやすい名前だ。僕は省略してシーちゃんと呼んでいた。

シーちゃんは、たまたま通りかかった公園の水たまりで死んでいた……いや、死んでると思った。顔のデカイ立派な大人猫だったが、そのとき体はもうガリガリに細くて、もうほとんどボロ雑巾《ぞうきん》。

「あ～あ、こんなとこで死んでら～」

と思ってよ～く見たら、かすかにまだ息をしている。ただ、顔は皮膚病《ひふびょう》みたいな感じで、鼻の周りや口の周りが、もうボッソボソだった。

そのカサブタの感じとか、体のやせ具合から見て僕は、これは絶対に猫エイズだなと思った。寿命も来てそうだから、かなり末期《まっき》だろう。長いことはないだろうから、うちに連れて帰って、とりあえず風呂で洗ってきれいにしてやって、死んだらどこかに埋めてやるか、動《どう》物霊園《ぶつれいえん》で合同葬《ごうどうそう》にしてやってもいいかなと思った。そして、車に積《つ》んである箱に入れて、家に連れて帰った。

さっそく家の風呂で洗っていたら、顔のカサブタがボロッ！

「なんだ、こいつは！」

お世辞にもカワイイ猫じゃない。でも、カサブタが取れたら、多少は見栄えもよくなったみたいだ。それで今度は、試しに、牛乳と缶詰を混ぜたヤツをやってみたら、これがまたバクバク食い出したではないか！

「なんだよ、こいつけっこう食うじゃん！」

思ったより老いぼれてないことが判明したので、まずはうちでケージ飼《が》いすることにした。エイズが他の猫たちにうつらないようにだ。

ところがこいつ、とにかくえっらい量のエサを食うのだ。

「スゲエなあ、コイツ。エイズの末期《まつき》とは思えねえ！」

なんて思っているうちに、どんどん太っていって、みるみる11kgまでいきやがった。拾《ひろ》ってきたときは、５kgもなかったのに。

このシーちゃんの顔がまたスゴイ。

目が細くて、おまけにすっごく目つきが悪いときてる。そこにきて、顔に筋肉《きんにく》がついてきたもんだから、もう悪役プロレスラーそのものだ。ゴツゴツの顔で目つきが悪いなんて、もう、どこかのノラ猫集団で、ボスを張っていた以外の何者でもないだろう。

「お前、スッゲエ生き方してきたんだろう？　いったいその細い目で、何を見てきたんだ？」

猫語がわかればなあ……。

病院で検査してみたら、全然エイズでもなんでもなかった。ただ、ケンカでもしてケガしたのか、カサブタが苦しかったのかでボロボロになっていただけだったらしい。

エイズじゃないことがわかったので、さっそくケージから出して、他の猫と一緒に飼うことにした。外でそうとうな生き方をしてきたヤツだから、うちでもえらい強い。人間にもあんまり触らせないし、カースケと一緒で、ちょっと抱いてやったりすると、いきなり噛《か》む。それも、

「オマエは誰だっ！　オレに触るな、こら‼」

という感じで、敵意を持った噛み方。

あるとき、僕がうっかりして、シーちゃんの尻尾かなんかを踏んでしまったら「ガウッ！」とふくらはぎを噛まれて、打撲《だぼく》でもしたみたいに、パンパンに腫《は》れてしまった。本当に、命の恩人に何をする！　ってやつだ。

こいつは、うちに1年ぐらいいたと思う。結局、肝硬変《かんこうへん》になって死んでしまったけれど、かなり印象深い猫だった。

ミッちゃんというメス猫も、最期《さいご》はうちで死んでいったけれど、ずっとノラでがんばってるヤツだった。体が小っちゃいのに頭が大きい、バランスがえらい悪い猫で、ブッ細工。鳴《な》

き声も「ウゲエッ」とハスキーボイスで、かわいくない。こういうメス猫は、ノラ猫の中で、どういう扱い受けるんだろうなあ、と思わせるような、とても面白い猫だった。

ミッちゃんは、見つけたとき、お腹《なか》が大きかった。

「あっ、これは妊娠《にんしん》してるなあ。中絶《ちゅうぜつ》させた方がいいのかなあ。それから避妊《ひにん》だなあ……」

などといろいろ考えながら、とりあえず〝猫先生〟に相談しようと思って、診療所《しんりょうじょ》に連れて行った。で、調べてみたら、なんと妊娠していないことがわかった。

それじゃあ、いったいなんでこんなにお腹が大きいのかというと、ウンコがずっと詰まっていたらしい。もともとずんぐりした体型の猫で、体の長いオス猫と違って、いかにもメス猫という感じだった。それをよ〜く調べてみたら、実は生まれつき背骨が1本足りなかったのだ。だから、腸《ちょう》の形も変形していて、1ヵ所がガクッと折れた感じになっているので、そこにウンコが詰まってしまう。いったいこれまで、どうやってそれを出していたのか、本当に聞いてみたいと思った。

そうとわかったら外には出せないので、うちで飼《か》うことになった。

腸の方は、1週間くらいすると詰まってくるので、僕が毎週先生のところにウンコを出し

に連れていくことになった。人間でもそうだけれど、ウンコが出ないと食欲もなくなるし、吐《は》いたりし始めるので、

「あ、そろそろ出さなきゃ！」

ということになるのだ。

一度、なんとか僕の手で出せないものかと思い、ミッちゃんのお腹を押さえて、腸のところをグ～ッと押して、ウンコを出してあげる練習をしてみた。これはなかなかテクニックが必要で難しかった。腸の詰まってるあたりから、グ～ッと押してやって、お尻のところまで持ってきて、うまくいくとポコッと出てくる。もう、カッチカチのヤツだ。長いこと腸に居すわってたウンコだから、栄養分とか水分が全部吸収されてしまっているのだ。

経験豊富な先生でも、けっこう毎週苦労していた。お尻の穴をギュッと開いて、腸をグイグイグイ～ッ！

「あっ、出てきた、出てきた！　ミッちゃん、ハイハイッ！」

なんて、僕まで見てて汗だくになる。

最初の頃、ミッちゃんはすごく嫌《いや》がっていたが（そりゃそうです。いきなりお尻の穴に指

ですから)、だんだん気持ち良くなってきてしまったようだった。先生にそうやって出してもらってると、もう目も潤《うる》んで、恍惚《こうこつ》の表情になっていたのを覚えている。SMの女王!!

ミッちゃんは、うちに3年ぐらいいて、かなり歳もとっていたので、老衰《ろうすい》のような感じで死んだ。もともとそういう一種の奇形だったから、体もあんまり丈夫ではなかったし、あれが寿命《じゅみょう》だったのだと思う。

ウンコのストーリーの主人公だなんて、天国で怒《おこ》っているかもしれないが、僕にとっては、思い出に残る猫だった……合掌《がっしょう》。

ミッちゃん

18

シロの尊厳死《そんげんし》

うちでいちばんの無頼《ぶらい》で、いつもデカイ顔で家の中を徘徊《はいかい》していたシーちゃんが、あるときからあまり姿を見せなくなった。もともと人間になつく猫ではなかったから、ベタベタと寄ってくることはなかったが、それなりの存在感はあったヤツだ。

「そういやあ、最近見ないな。どうしちゃったんだろう?」

気になって探してみると、風呂のドアの前にじっとうずくまっているシーちゃんを発見した。うずくまっているというより、グッタリして横になっているという表現の方が正しいかもしれない。極悪非道《ごくあくひどう》の目つきにも、なんだか全然力がなくなってしまっていた。

「なんだ、元気ねえなあ。こりゃ、病院に連れて行かないとヤバイな」

僕は、ただでさえ11kgのデブで重いのに、グッタリしてよけいに重く感じるシーちゃんをケージに入れて、病院に連れて行った。

「目に黄疸《おうだん》が出ていますね」

ちょっと診察《しんさつ》しただけで、すぐに先生が言った。

目に黄疸?

シーちゃんの細い目をのぞいて見たけれど、僕にはさすがにまだそこまでわからない。特に、こいつの目は細いし、普段から目つきが悪いし……。

「黄疸っていうのは、やっぱりヤバイんですか？」

「黄疸が出ると、もうかなり危ないですね。あと1～2週間早く連れてくれば、多少は治療《ちりよう》の方法もあったかもしれないけど……」

シーちゃんは、いわゆる肝硬変《かんこうへん》にかかっていたのだ。早い話が、太りすぎ。肝臓《かんぞう》がすっかり脂肪肝《しぼうかん》になってしまっていて、ほとんど機能《きのう》していないために、黄疸になったのだ。

それでも、見た目は別にやせているわけでもないし、グッタリはしているけど、そんなに手の施《ほどこ》しようがないようには見えない。

「なんとか助からないんですか？」

「う～ん、ここまできちゃうと、けっこう危険な状態ですねえ」

そうなのかあ……。

僕は、先生にそこまで言われても、まだ半信半疑《はんしんはんぎ》だった。

しかし、先生の診断《しんだん》は正しかった。元気に見えたシーちゃんも、数日のうちにどんどん容体が悪化していって、あっと言う間に、もうこれは助からないなという状態になってしまったのだ。

シーちゃんの最期《さいご》は、壮絶《そうぜつ》だった。

肝臓《かんぞう》が機能《きのう》していないだけで、心臓は丈夫だし、体もデカイままなので、その苦しみ方が尋常《じんじょう》ではない。僕が毛布でくるんで、抱っこしてやろうとしても、ものすごい力で暴《あば》れるので、なかなか抱くことができなかった。

何か茶色い液体を「ゲッ!」と吐《は》いたりもした。呼吸が止まり「ああ、ダメだった」と思っても、その後また急に暴れ出す。

苦しいのに、なかなか死にきれないのだ。

呼吸の間隔も20秒ぐらいあるので、

「あっ、息が止まった! 瞳孔も開いてるからもう終わりだろうなあ……」

と思っても、再び「フ〜ッ」と大きな息をする。

こんな状態が1時間以上続いた。

注射を打って、楽に死なせてやった方がいいのではないかと、心底思った。苦しくてもがんばれば助かるというのなら、いくらでもがんばればいい。でも、機能が停止して、絶対に助からないのに、ここまで苦しさと戦っても、なんの意味もないんじゃないか……。

「シーちゃん、そこまで苦しまなくていいよ～」

苦しんで、苦しんで、暴れて……やっとシーちゃんは死んでいった。僕はただ必死に体を押さえていてやるだけで、何もできなかった。シーちゃんが死んだことよりも、それがつらかった。

壮絶な尊厳死《そんげんし》だった。見ていて本当につらかったけど、最後はシーちゃん「偉い！」と思った。

それからは、本当に助からない猫の場合は、先生と相談して安楽死《あんらくし》も考えるようになった。注射1本で、全く苦しまずに、眠るように全てが終わる。

そうやって死んでいく猫たちを見ていると、自分はいったいどんな死に方をするのかなあと考えることがある。けっこう、往生際《おうじょうぎわ》の悪い、無様《ぶざま》な死に方をしそうだなあ。「イテエ！」だの「かゆい！」だの大騒ぎして、周りがうんざりするんじゃないだろうか。かっこわりぃ。

「坂崎さんは、静かに死んでいったよ」

なんてことは、まずないと思う。

本当に、猫たちには、最後までいろいろなことを教わる。

シロ

19

土に返る猫、天に昇《のぼ》る猫

僕のうちでは、一時期年間に4~5匹の猫が死んでいった。

半年で発病して死んでしまったヤツ、10年以上もうちで暮らして、寿命《じゅみょう》を全《まっと》うしていくヤツ。死に方は様々だけれど、少なくとも僕のところに来たことで、持って生まれた運命からも見放されたような死に方ではなかったと思っている。

それでも、一緒に生活していたヤツらが死ぬのは、やっぱりつらい。何匹看取《みと》っても、慣《な》れることはない。

そんなときは、残ってる猫がみんなで僕を慰《なぐさ》めてくれるのだ。

うちで飼《か》っている猫が死んだときは、必ずお通夜をする。ベッドの上などに布団を敷《し》いて亡骸《なきがら》を寝かせ、お線香《せんこう》をたいて……。そうすると、他の猫たちが、遠巻きにして、それをジッと見ているのだ。

いつもだったら、ベッタベタに僕に寄ってくる甘えんぼの猫も、絶対に僕のところに近づいてこない。

「なんか、いつものお父さんと違うぞ」

「これは、あんまり騒いじゃマズイみたいだぞ」

そんな雰囲気《ふんいき》だ。

ビービーうるさく鳴《な》いたり、バッタンバッタン走り回るヤツもいなくて、ちゃんとみんなで静かにしている。なんとなく空気を察しているのだろう。だから、お通夜のひと晩だけは、ちょっとだけしんみりした気分になる。

そして、次の朝になれば、もう何事もなかったように、みんなバッタバタに暴《あば》れてるわ、ギャーギャーうるさいわ……すっかり元に戻《もど》っている。

「あ~あ、落ち込んでる場合じゃないよなあ。悲しんでる暇《ひま》はないよなあ」

僕も、そうやってまたそいつらのペースに巻き込まれていく。それが僕にとってのいちばんの慰めだ。

亡骸は、最初はやっぱり土に返すのがいちばんいいと思っていたので、遊歩道《ゆうほどう》や、近所の公園などに埋めていた。ちゃんとわかるように、目印の石を置いたりして。自分の家の庭でもあれば、それがいちばんいいのだけれど、マンション暮らしでは仕方がない。

7~8年、20匹ぐらいまでは、そうしていたと思う。ちゃんと、ここにアキラがいて、これがサクラで……と覚えていたのだが、さすがにそれ以上になったとき、覚えきれなくなった。

それに、最近では、公園も工事で掘り起こされたり、建物が建ってしまったりするので、いつ何どき猫たちの墓がグシャグシャにされるかわからない。だいたい、公園は公共のものだから、そうやって私物化するのも気が引ける（すでに20匹も埋めておいて、いまさらではあるが……）。

あるいは夜公園で穴を掘ってるところを目撃されて、

「あっ、坂崎さんがあんなとこで穴掘ってる！」

なんて言われるのも考えものだ。通報されたらもっとみっともない。

だから、ここ数年は、動物霊園《どうぶつれいえん》を利用している。

動物霊園では、連絡《れんらく》すると亡骸《なきがら》を取りにきてくれるのだ。お通夜をやって、お線香《せんこう》をやって、ひと晩たってから、ひと握りのエサと遊び道具と一緒に段ボールに入れて次の日の午前中に取りに来てもらう。僕は、渡す前に、必ずその猫の尻尾の先っぽの毛をハサミで少し切って、ティッシュにくるんで取っておくことにしている。猫の名前と、死んだ日にちを書いて……。

そして、火葬《かそう》にするわけだ。

ちゃんと向こうでお墓も用意してくれてるのだが、僕はみんな返してもらう。そうすると、次の日に、「京子号の霊《れい》」などと書かれた小さな骨壺《こつつぼ》に入った遺骨《いこつ》を届《とど》けてくれる。

うちの骨壺の安置《あんち》場《ば》所《しょ》は、クローゼットの中だ。扉を開くと、猫の骨壺がダ～ッと20個以上。けっこう、圧巻だ。何も知らない人が見たら、不気味に思うかもしれない。ドロボーよけになりますね、こりゃ。

たぶん、うちにはそんな猫たちの霊がいっぱいいると思う。いてもいいと思う。みんな僕の腕《うで》の中で死んでったヤツだから。

20

たくましき生命力

うちにやって来る猫たちは、最初はとにかく見るも哀《あわ》れなくらいボロボロだったり、瀕死《ひんし》の状態だったりすることが多い。

5年以上前に、横浜の中華街のところにあるアジアン雑貨の店『チャイハネ』の横の路地で、雑巾《ぞうきん》みたいにペッタンコになったチビ猫を見つけた。

「あ〜、猫が死んでるなあ」

と思って近寄ると、まだほんのちょっと動いている。それにしても、ほとんど虫の息だ。

「う〜ん、これは先生のところに持っていって、安楽死《あんらくし》させてやった方がいいかな。後は動物霊園《ぶつれいえん》の合同葬《ごうどうそう》で火葬《かそう》にしてやろうかな……」

とにかく、まだ生きているんだから、放ってはおけない。すぐに段ボールにタオルを敷《し》いて、車の中に入れてやった。一応僕の車にはいつも、こんな偶然出くわした猫用に、段ボールと缶詰がいくつか積《つ》んである。

「やっても食わねえだろうなあ……」

と思ったが、缶詰をひと缶開けてやってみた。

そしたらそいつは、ペッタンコなのに、ガツガツとそれを食い始めたのだ。

「オオッ！　なんだコイツ、ちゃんと生きてるよ！」

家に帰っても、エサを吐《は》く気配がないから、どうも大丈夫そうだ。とにかくボロボロだったから、さっそくお風呂で洗ってやることにした。毛が3分の2ぐらいなくなっていて、皮だけになってる。だからよけいに、ぺったんこで死んでるように見えたらしい。きれいにしてやっても、そうとうひどい姿だった。

〝猫先生〟のところに連れて行って診《み》てもらったら、疥癬《かいせん》という皮膚病《ひふびょう》にかかっているのがわかった。皮膚病で弱ってメシが食えなくなって、そのまま行き倒れになっていたのだ。あのままだったら、その日のうちに死んでしまってただろう。

疥癬の治療《ちりょう》をして、少しして毛が生えそろってみると、これがまた、白とグレーのまだらの、ものすごくきれいな猫だった。ちょっと品のいい、洋風の猫といった感じだ。『チャイハネ』の横の路地で行き倒れていたので、名前は「チャイハネ」。すごい甘えっ子で、いつも僕の目をじっと見てる、カワイイヤツだ。

ガッちゃんは、右後ろ足の1本が、変な風に後ろにひっくり返ってるノラ猫だった。たぶん、交通事故で骨折してそうなってしまったのだろう。黒地に茶色と、白がグチャグチャ混じった、いわゆるガチャ三毛。だから、ガッちゃんと名前をつけた。

歩くと、その折れ曲がった足の膝小僧《ひざこぞう》がコンクリートの地面にすれて、血だらけになっている。よく見ると、膝の骨までのぞいていた。このまま放っておいたら、バイ菌が入って破《は》傷風《しょうふう》かなんかで死んでしまう。

すぐに家に連れて帰って、ケージに入れてしばらくそのまま様子を見ていた。すれた場所がカサブタになってきても、それが床にすれて取れてしまうと、また血が出てくる。

狭《せま》いケージの中でも、やっぱり多少は動いたり、暴《あば》れたりするので、いつまでたってもその繰り返し。ひどくなると、血が飛び散っていることもあった。

〝猫先生〟に相談すると、先生はひと目見るなり、

「切っちゃった方がいいかもしれませんね」

と、キッパリと言った。『ウッソォ〜!!』

後ろ足切断……いくらなんでも、それはちょっとかわいそうだろうと、僕は思った。だからそのときは、またしばらく様子を見てからということで、そのまま家に連れて帰ってきた。

膝に包帯を巻いて、添《そ》え木をしてやって、3ヵ月ぐらいそのまま様子を見た。でも、やっぱり結果は同じだった。手術をして骨を治すなんてことは、とても無理らしい。結局、折れている足はほとんど動かないので、引きずっているだけなのだ。なんの役にも立っていない。先生の言うことは、確かに正しかった。

僕は、ガッちゃんの後ろ足を切断する決心をした。

ちょうど今から半年ぐらい前のこと。

折れ曲がった足は、付け根からまるまる切断された。ガッちゃんは、完全に3本足の猫になった。

最初は、その姿がとっても哀《あわ》れに見えたけれど、ガッちゃんはそんな3本足に慣《な》れてくると、うまくバランスが取れるようになって、今ではうまい感じで歩いている。動かない足を引きずっていたときより、全然楽みたいだ。

虫の息の猫も、大ケガの猫も、人間がちょっと手を貸してやると、こうやって自力で元気になっていく。ちょっとだけ愛情を注いでやると、こんなにも復活するものなのだ。生命力は、やっぱり偉大だ。

チャイハネ

21

老いぼれ猫とデブ猫の仁義《じんぎ》なき闘《たたか》い

猫の世界にボスが存在するのかは、わからないが、少なくとも我が家にはいる。ちょっとしたボス争いの後、今のところ坂崎家でボスを張ってるのはマナブというおじいちゃん猫だ。

マナブは、まだうちに初代の京子しかいなかったとき、ノラ猫が産んだ子供をもらってくれと友達に頼まれて、そのときにもらった2匹のうちの1匹だ。かれこれうちに13年いる、いちばんの古株。

そのとき、一緒にもらったのが、ワタルというメス猫で、子猫でもらってきたときは、マナブが真っ白、ワタルは真っ黒だった。

ところが、だんだん大きくなるに連れて、マナブは白がくすんできて、タヌキみたいな色になってきてしまった。シャム猫と一緒だ。シャム猫は、生まれたときは真っ白なのだが、指先や鼻先のような体温の低いところだけ、だんだん茶色になっていく。

マナブは、見た目はシャム猫にそっくり。そのくせ、顔はデカくて、まぎれもない日本猫の顔をしている。そのアンバランスが笑える。シャム猫というのは顔がすごく小さいのが特《とく》徴《ちょう》だから、シャム混じりの日本猫。シャム猫もどき……？　いや、ただのタヌキだ。

人間でいうと、だいたい70歳ぐらいだから、かなりおじいちゃんだ。僕が声をかけたりすると、変な声でブツブツ独《ひと》り言《ごと》を言っていて、いつまでもうるさい。そろそろヤキが回って、ボケも始まっているようだ。

ワタルの方も、いいおばあちゃんなのだが、実をいうとマナブより気が強い。小さい頃からマナブを守ってやっていた。京子がマナブをイジメに入ると、必ずワタルが出てきて守る。結局、マナブはそうやって、ずっとワタルに守られて育ったから、完全にマザコン猫になってしまった。ボスの割にはマザコンというのは、かなり情けないが、人間の世界でもありそうだ。

うちにいる猫は、だいたいメスの方が気が強いようだ。これは、飼《か》い主《ぬし》の家風とも関係があるのだろうか？　あるわきゃない。

ボス争いは、いつもこのマナブと、サクラを妊娠《にんしん》させたデブ猫のカースケの間で起きている。カースケの方が若いし、体はデカイのだから、そろそろボスになってもいいのだが、どうも気が弱いせいか、マザコンのおじいちゃん猫、マナブにも、まだ勝てない。

この2匹が家の中ですれ違うときが面白い。部屋の隅っこなんかでバッタリと出会ってしまうと、2匹で「ウ〜〜〜〜ッ！」と低い声で唸《うな》りながら、動きがいきなりスローモーションになる。

「ウ〜〜ッ〜〜なんだよ〜このやろ〜〜！」

「お〜前こそォ〜、ガン飛ばしやがって〜!!」

お互い見てないふりをして、横をス〜ッと通る。スローだから10分ぐらいかけてすれ違う。で、だいたいが、雰囲気的《ふんいきてき》にマナブの勝ち。カースケがいつもあやまっている（感じだ）。

マナブはどうも、僕がそばにいると強気になるみたいだ。内弁慶《うちべんけい》ってやつ。たぶん、何かあったときには、僕が助けてくれるとでも思っているのだろう。でも、たまたまマナブより も先に、僕が他の猫をかわいがっていたりすると、それはもう、笑っちゃうくらいにイジケてしまう。

「ここにいるんだけどな〜」と、自分をなにげなくアピールしているのだが、目線だけはちょっと外して、変な方を見てる。やはり、いちばん古株だから、プライドがあるのだろう。たそがれてるジイちゃんのくせに、そのへんのプライドと気の弱さがおかしい。

今日も坂崎家の猫たちは、平和だ。

マナブ

ワタル

22
僕のネコロジーライフは続く……

「ちょっと坂崎さん！　坂崎さん！」

朝早いから、今日は大丈夫だと思っていたら、また近所のおばさんに捕《つか》まってしまった。

「昨日の夜、猫が鳴《な》いてたよ！　たぶん天ぷら屋の裏にいるよ！」

「エ〜ッ、また僕ですか〜？」

そのおばさんは、秘密結社《ひみつけっしゃ》にこそ入っていないが、猫や動物が大好きで、自分でも犬を飼《か》ってる優しい人だ。ついでに、いつもそうやって僕に教えるだけじゃなくて、自分で捕まえて飼ってくれるといいのだが……。

おばさんの言うとおり、天ぷら屋の裏には、子猫が1匹いた。裏の細い隙間《すきま》に入ってしまっているので、懐中電灯《かいちゅうでんとう》を当てると、小っちゃい目がふたつ、光って見える。

ちょっと手を伸《の》ばせば届《とど》きそうなところにいるので、手をそっと出すと、触れる寸前でツッと1〜2歩後ろに退《さが》ってしまう。こうなると、なかなか捕まらないのだ。ギリギリのところまでは来るのだけれど、ほんのちょっとのとこで届かない。そのへんの逃げ方が、ノラ猫のチビはうまい。

結局は、エサでつって、なんとか捕まえることができた。夏なんかは、汗かきの僕は子猫

1匹捕まえるだけで、大汗ビッショリなのだ。

家の中でも、ときどき猫がとんでもないところに入ってしまって、レスキューに苦労することがある。

今のマンションは、部屋の隅っこに、高さが180cmぐらいの大きな電気温水器が置いてあるのだが、上に乗っかってた猫が、何かの拍子で電気温水器の後ろに落ちてしまうことが、3〜4回あった。ツルツルの金属でできているから、自力で登って来ることもできなくなってしまうのだ。円柱型の温水器は、部屋のコーナーにピッタリくっついた形である。棒が差し込める程の隙間しかないので、どちらのサイドからも助けることができない。だからといって、180cmの高さの上から取り上げることも無理。

最初は本当にマイった。

こうなったら、電気工事の人を呼んで、電気温水器を外すしか方法はないかと思ったくらいだ。

考えに考えて結局は、猫の爪がうまく引っかかりそうな布を温水器の上からおろし、横から棒で猫を突っついて、ツメが布に引っかかったところを、スーッと一気に持ち上げて救出することができた。

所ジョージの家でも、同じような事件があったらしい。

前の家を新築したばかりの頃の話だそうだ。

3階建ての2階まででき上がったので、所一家は引っ越して住み始めていた。当時飼《か》っていた何匹かの猫も一緒だ。やっと3階もでき上がって、完成したなあと思った頃、猫が1匹見当たらない。上から下までいくら探してもいない。

と、その晩、1階の壁の裏から、

「ニャ〜〜ッ」

と、聞き覚えのある猫の声がした。しかし、なんで壁の裏で鳴《な》いているんだろう？……調べてみると、どうやら3階を工事しているときに、3階の壁の隙間《すきま》から落ちてしまったらしいのだ。1階と2階は完全にできていたけれど、3階はまだ開いてる部分があって、どこかの隙間から落ちてしまった猫は、延々壁の裏を回遊していたらしいのだ。

仕方がないから所は、できたてホヤホヤの1階の壁を壊《こわ》して、猫を救出したという。

壁の裏に入るってのはかなり珍しいが、本当に猫ってヤツは、想像もつかないところに入り込んでしまうから大変なのだ。システムキッチンの裏とか……。

ベランダ伝いに隣に行ってしまう猫にも泣かされる。

隣のベランダとの境のところに物置を置いて、猫が行けないようにしていても、どこからか乗り越えて、行ってしまうヤツがいるのだ。サクラがその常習犯《じょうしゅうはん》だった。

サクラがいないなあと思うと、僕は覚悟《かくご》を決めて、隣の家にあやまりに行かなければならなかった。よりによって、隣の奥さんは、大のきれい好きで、ガーデニングなんかもしているのだ。

「すみません、また猫がお宅のベランダに行っちゃったみたいで……」

「いましたよ。なんか、お土産まで置いてっちゃって……」

サクラのヤツ、ウンコまでしてってたらしいのだ。

『おい、頼《たの》むよサクラ〜ッ！　有機栽培じゃないんだから』

そんなことを言っても、猫という動物は、絶対に言うことを聞かないということは、僕がいちばん知っている。

食事をするときも大変だ。うちでは猫に食べ物を取られないように、三方を囲って、完全防備の体制で食べる。それでも、2代目京子なんかは、その囲った隙間《すきま》から手を伸《の》ばして、箸《はし》の先のものをサッと取ったりするのだ。

2代目京子は、僕に拾われる前まで、コンビニあたりで弁当の残りをもらっていたらしく、人間の食べるものを、すぐに欲しがる。なんでも食べるのだ。僕が豆なんかを箸で取ろうとしただけでも、箸の先めがけて、すごいスピードで手が飛んでくるから、のんびり食事もできやしない。

それをかわしながらの食事をする僕の立場も考えて欲しいもんだ。

猫たちに見つからないように、ちゃんと別にして飼っていたモモンガが、何かのはずみで逃げ出したときは、大騒ぎだった。まるでF1レースのように、猫たちが走り回り、ギャーギャー鳴《な》きわめく。しかも大きなコンサートの前の晩の夜中の3時!! 追い詰められたモモンガを助けてやろうと思わずギュッとにぎってしまった僕は、そのモモンガに噛《か》まれて指が腫《は》れ上がって、しばらくギターを弾くのに苦労した。

こういうドタバタの生活は、まだまだ続くだろう。

もう少し田舎の方に、もっとスペースのある家を借りた方が、猫たちの環境《かんきょう》としてもいいかなと考えたこともあるが、仕事柄なかなかそうもいかない。実際にそうして引っ越した方もいるのだ!! エライなあ。

もし、うちに転がり込んでくる猫が1匹もいなくなったら、本当に楽になるだろうなあと思う。きっと寂しいだろうなあ、とも思う。でも、そうなることが、最終的な僕の夢だ。

そして、世の中にノラ猫が1匹もいなくなったときには、今度は自分で好きな猫を1匹だけ選んで、ちゃんとペットとして愛してみたいと思うのだ。

サクラ

あとがき

アリーナ37℃の渡辺編集長から「猫の本を出そうよ！」って言われたとき、てっきり写真集だと思って、「あ〜いいですねえ（いよいよ来たか……）」なんて軽く返事をしてしまった。

というのも、我が家には今まで撮りためていた相当数の猫写真があったから、その中から厳選していけば、けっこうな写真集がすぐにでも2〜3冊はできるかな、なんて簡単《かんたん》な気持ちで引き受けてしまったのである。またやっちまった、得意の二つ返事。ちゃんとその趣旨や内容をわかってからでも全然遅くはないのに、相変わらずせっかちな江戸っ子もどき（どうも三代目じゃないらしい）。

エッセイ集かあ、イイ話やホロッとくるエピソードなんかやたらクサくなりがちだし、たまたま本を読んだ近所のおばさんたちに、坂崎さんっていい人ねえ、なんて言われちゃうのもなんだか面倒《めんどう》だし、まいったなあと思っていたのです。

でもまあどうせやってることは偽善者みたいなもんだし、だったらこれを読んで何かを感じてくれる人が少しでもいてくれて、世の中からノラが1匹でも減《へ》ってくれればいいか、ってなことでバタバタ忙しい最中、いろんな人たちの協力をいただいて完成に至りました。

もちろんこういった一個人の考えには反発も同感もあるとは思います。でも、こんなこともあるし、こんなバカな人たちもいるんだなって……、それだけで、まっいいか。

偽善者ついでにもひとつ、この本の印税は全てノラたちの避妊《ひにん》、去勢《きょせい》、エサ代にあてさせていただきます。ご了承ください。もちろん秘密結社《ひみつけっしゃ》へのカンパも‼

21世紀初めての夏、歴史的な猛暑

THE　ALFEE　坂崎幸之助

あとがきのあとがき

私のネコロジーライフ

中川翔子

今は空前の猫ブームと言われています。猫にまつわる経済効果が「ネコノミクス」と呼ばれ、猫を飼《か》う方が増え、猫グッズや猫イベント、猫の特集本もたくさん目にするようになりました。

それなのに、なかなか不幸な猫はいなくならない。私のようにもどかしい思いをしている猫を愛する方は、きっとたくさんいらっしゃることでしょう。

『ネコロジー』は、そんな中、まさにこういう本があったらいいのにと思っていたときに出会った本です。「なんて素敵な本なのだ」と驚き、ふたたび世の中に出ることをとても嬉《うれ》しく思います。新しく猫を迎《むか》える人にも、猫が好きで気になっている人にも、今までに猫を飼ったことのある人にも、猫に関わるすべての人に読んでもらいたい、まさに、永遠の名著です。

本の中の坂崎さんは、いつもお会いするときの印象そのままで、優しいお人柄《ひとがら》が文章にあふれています。猫への愛がたっぷりあるけれど、すごく冷静にフラットな視線で、猫と人間との関わり方について考え、世の中のノラ猫たちと向き合っています。

ノラ猫の問題や殺処分の話は、よく知られていないことがたくさんあります。昔のままの古いイメージがそのまま残っていたり、言い方ひとつで誤解を招いてしまうことがあるから、うまく言葉にするのはとても難しい。けれどこの本を読めば、そんな問題はすべて解決すると思います。

昭和の頃は、飼い猫が外に出ることが当たり前でしたが、だんだん常識が変わってきて、今は室内飼いが主流です。ケンカして猫エイズになってしまうかもしれないし、交通事故の危険もあります。坂崎さんも書かれていますが、過酷《かこく》な環境下《かんきょうか》で生きるノラ猫の平均寿命《へいきんじゅみょう》はわずか3〜4年です。

ノラの子猫が保健所に持ち込まれた場合、すぐに殺処分されてしまうケースもあるようです。ペットショップで売れ残った猫も処分の対象です。人間の一瞬《いっしゅん》のさじ加減《かげん》で救える命です。

この本を読めば、猫ブームだからといって、ペットショップであどけない子猫を見て衝動《しょうどう》買《が》いしたいだなんて、思わなくなるはずです。優しい飼《か》い主《ぬし》さんを待っている子たちが、じつはたくさんいるんです。

我が家の猫、ショコラは、北海道の江差《えさし》で保護された猫です。

ツイッターに江差の保健所にいる猫たちの写真が出ていて、命の期限が迫《せま》っていたので、里親さんに渡すために急いで引き取りに行きました。そのときに、じつはこの子も殺処分されるといわれて見せられ、置いていけず連れて帰ったのがショコラでした。

保護の情報《じょうほう》が出ている猫は、レアなんです。誰にも知られないところで、たくさんの猫が人の手によって、死んでいっています。殺処分の話は、誰にとっても楽しい話じゃないから、自ら知ろうとしなければ、ずっと知らずにいられます。それでも、猫たちを守ったり助けたりできるのも人間だけだから、どうかたくさんの人に現実を知ってほしいと思います。殺処分ゼロを実現できている地域がちゃんとあるから、人々の意識が変われば、できないことではないんです。

坂崎さんや本に登場するボランティアさんのように、実際にノラ猫を保護して、去勢《きょせい》・避《ひ》妊手術《にんしゅじゅつ》をして、毎日ごはんをあげて……というのは、本当に大変なことです。時間もお金もいくらあっても足りません。でも、猫を愛するすべての方が、自分にできることをしたら、不幸な猫はいなくなるんじゃないでしょうか。

私が今、仕事をしている理由として、自分の夢やモチベーションももちろんありますが、いちばんの理由は、母とずっと続けている保護猫のための寄付や物資を送る活動のためといっても過言ではありません。私にできることは限られていて、すべての猫の命を救うことはとてもできないけれど、１匹でも多くの猫が幸せに生きられたらと願っています。自分も猫のためにしっかり生きようと思っています。

我が家は代々、猫と共に生きてきました。猫は家族であり、ソウルパートナーです。溺愛《できあい》の対象ではなく、心で通じ合える存在。小さいころから、ひとりっ子で家にいても、猫がそばにいてくれたから、ひとりじゃありませんでした。

今は９匹の猫と暮らしています。

最年長のちび太はもう15歳ですが、若々しくてとても元気。長老だから、名前を呼ばれるだけですごく喜んで、ダーッとこちらに走ってきます。寝るときはかならず腕《うで》の中で眠ります。

マミタスは全身から愛があふれていて、私がつらいときはいつもゴロゴロいってくれる。ピカチュウのように後をついてきます。基本的にはひとりが好きだけど、お客さんが来るのも好きで、特に女の子がいると、ご機嫌《きげん》でずっとそばで倒れています。マミタスは避妊手術《ひにんしゅじゅつ》をしていたけれど、子猫のルナがやってきたときには、おっぱいを吸わせてあげていました。

そんなルナはプライド高く成長して、よくミルクバンとキャットタワーのいちばん上を取り合っていました。

ミルクバンは顔の大きな猫で、大人になってからうちに来ました。2回も捨てられてノラになっていたみたいだけど、ちゃんと家族になれました。

兄弟猫の股朗《またろう》とポコニャンωが来たときには、大きなミルクバンが抱きしめて守ってあげていました。みんな、本当に優しいんです。

らい次郎はけっこうアホな子で、物にぶつかったりするんだけど、唯一の特技が人間のトイレを使うこと。誰かが教えたわけでもなくて、そんな猫は初めてです。本人はすごく悪いことをしていると思っているみたいで、いつもこそこそトイレをしていて、それもまたかわいい。たまにはみ出しているから困《こま》るけど。

本当に猫って、人間以上に個性があります。みんな毛並も顔も性格《せいかく》も鳴《な》き声も全然違って、その存在に日々、助けてもらっています。

ずっと一緒にいたミルクバンは先日、天国へ旅立ってしまいました。存在が大きいのに、猫の寿命《じゅみょう》は短すぎると思います。とても癒《い》える悲しみじゃないけれど、そんなときでも、笑顔でお仕事をがんばらなきゃいけない。それを支えてくれるのもまた、猫なんです。猫がいるからお仕事を続けられています。

猫のために、自分ができることはなんだろう。そう考えて執筆《しっぴつ》した本を元に、猫のアニメ『おまかせ！　みらくるキャット団』（ＮＨＫ　Ｅテレ）が生まれました。未来を作る子供たちにも、〝猫の素敵〟を伝えたい。そのためにこれからも、猫を主人公にした小説や絵本やアニメを作っていきたいと思っています。ミルクバンのように、もう会えなくなってしまった猫たちにも、物語の中で活躍《かつやく》してもらいます。


今の猫ブームが、猫たちにとって良い猫ブームであってほしい。保護猫と出会える場所もだんだんと増えていて、先日、私の友人もシェルターに通って審査《しんさ》をクリアし、足の悪い猫を引き取っていました。もし猫を迎《むか》えたいと思ったら、保護猫カフェやシェルターにぜひ足を運んでみてください。きっと、運命の出会いがあります。みんなかわいい命で、同じ重さの命です。

猫に対する思いがあるなら、この本を手に取るだけでも、どこかの猫がごはんを食べられます。そして、本の感想をまわりの人に伝えてください。

見えないところでの悲しいことが少しでも減《へ》っていきますように。
1匹でも多くの猫が幸せになる世界のために。

中川翔子《なかがわしょうこ》

1985年5月5日生まれ。東京都出身。趣味はパソコンでイラストを描くこと、読書、ゲーム、映画、アニメ、コスプレなど。歌手、番組MC、声優、ドラマ・映画出演のほか、BEAMSとの共同ファッションブランド「mmts」のプロデュース（売り上げの一部を保護猫団体に寄付）など、多岐にわたって活躍中。著書に『中川ブロードウェイ』（エムオン・エンタテインメント）、『にゃんそろじー』（新潮文庫）、『ねこのあしあと』（マガジンハウス）など多数。2016年5月には、初となる舞台「ブラック メリーポピンズ」にヒロイン「アンナ」役として出演、同年7月には、「ドラゴンクエスト ライブスペクタクルツアー」に「アリーナ」役として出演。

坂崎幸之助（さかざきこうのすけ）

本名・坂崎幸二。一九五四年、東京生まれ。THE ALFEEのメンバーとしてミュージシャン活動を続けるかたわら、音楽以外にも様々なジャンルに造詣が深く、熱帯魚や両生爬虫類の飼育、和ガラスコレクション、クラシックカメラのコレクション&カメラマンとして趣味の範疇を超えて専門家の間でも高く評価されている。近年は「ガラスコレクション展」や写真と書を組み合わせた「書写真展」を開催するなど活動の場を広げている。

ネコロジー ノラ猫トイとその仲間たちの物語

二〇一六年六月二〇日　初版印刷
二〇一六年六月三〇日　初版発行

著者　坂崎幸之助
発行者　小野寺優
発行所　株式会社河出書房新社
〒一五一-〇〇五一東京都渋谷区千駄ヶ谷二-三二-二
電話〇三-三四〇四-八六一一（編集）
〇三-三四〇四-一二〇一（営業）
http://www.kawade.co.jp/

構成　小野緑
ブックデザイン　高木義明（インディゴデザインスタジオ）
DTP　中尾淳（ユノ工房）

印刷・製本　三松堂株式会社
ISBN978-4-309-02479-0
Printed in Japan